Rapid Interpretation of Heart and Lung Sounds
A Guide to Cardiac and Respiratory Auscultation in Dogs and Cats

心肺音速查手册
——犬猫心肺听诊教程
（第3版）

［美］ Bruce W. Keene

Francis W.K. Smith, Jr.　　著

Larry P. Tilley

Bernie Hansen

曹　燕　主译

王姜维　审校

中国农业大学出版社
· 北京 ·

内容简介

心肺音听诊是临床医生最常用，也是最重要的检查方法之一。临床医生通过听诊，并结合全面的病史及体格检查，能准确获得动物的心率、节律，以及心脏与大血管内的血流信息，了解肺脏病理状况和病变位置。

本书介绍了正常心音和心杂音的识别，以及常见心律失常和肺音的听诊特点。从最基础的声音产生原理开始阐述，通过对听诊器的正确使用、不同类型疾病声音的特点和鉴别诊断等临床实用知识进行详尽的讨论，同时本书配套的网站提供了大量的模拟和案例音频或视频，以及贴合实践使用情景的自测题巩固学习效果，能帮助读者充分理解并学会听诊的专业技能。

图书在版编目（CIP）数据

心肺音速查手册：犬猫心肺听诊教程：第 3 版／（美）布鲁斯•W. 基恩（Bruce W. Keene）等著；曹燕主译. ——北京：中国农业大学出版社，2019.8

书名原文：Rapid Interpretation of Heart and Lung Sounds：A Guide to Cardiac and Respiratory Auscultation in Dogs and Cats (3rd edition)

ISBN 978-7-5655-2165-2

Ⅰ.①心… Ⅱ.①布… ②曹… Ⅲ.①犬病–心脏病–听诊–手册②猫病–心脏病–听诊–手册 ③犬病–肺疾病–听诊–手册④猫病–肺疾病–听诊–手册 Ⅳ.① S858.292-62 ② S858.293-62

中国版本图书馆 CIP 数据核字（2018）第 301093 号

书　　名	心肺音速查手册——犬猫心肺听诊教程（第 3 版）
作　　者	［美］ Bruce W. Keene 等著　曹　燕 主译

策划编辑	林孝栋	**责任编辑**	田树君
封面设计	王浩亮		
出版发行	中国农业大学出版社		
社　　址	北京市海淀区学清路甲 38 号金码大厦 A 座	**邮政编码**	100193
电　　话	发行部 010-62818525，8625	**读者服务部**	010-62732336
	编辑部 010-62732617，2618	**出 版 部**	010-62733440
网　　址	http://www.caupress.cn	**E-mail**	cbsszs@cau.edu.cn
经　　销	新华书店		
印　　刷	河北华商印刷有限公司		
版　　次	2019 年 8 月第 1 版　　2019 年 8 月第 1 次印刷		
规　　格	16 开本　　8 印张　　100 千字		
定　　价	88.00 元		

ELSEVIER

Elsevier (Singapore) Pte Ltd.
3 Killiney Road, #08-01 Winsland House I, Singapore 239519
Tel: (65) 6349-0200; Fax: (65) 6733-1817

译者名单

主译 曹 燕

审校 王姜维

译者 曹 燕 杨永辉 张仁和

 # 编者

Bruce W. Keene, DVM, MSc

美国兽医内科学会认证兽医师（心脏病学）
北卡罗来纳州立大学兽医学院临床科学系教授

Francis W.K. Smith, Jr., DVM

美国兽医内科学会认证兽医师（心脏病学和小动物内科学）
马萨诸塞州莱克星顿 VetMed 顾问公司副总裁
塔夫茨大学卡明斯兽医学校临床助理教授

Larry P. Tilley, DVM

美国兽医内科学会认证兽医师（小动物内科学）
新墨西哥州圣达菲 VetMed 顾问公司总裁

Bernie Hansen, DVM, MS

美国兽医急诊与重症护理学会认证兽医师
美国兽医内科学会认证兽医师（内科学）
北卡罗来纳州立大学兽医学院临床科学系副教授

译者序

　　临床门诊工作中，通过听诊动物心肺音的特征和变化，医生可以获取到非常重要的疾病类型和病灶位置的相关信息，通过这些信息进行鉴别诊断，指导心电图、X线、超声等更多检查。可以说心肺音听诊是临床医生需要掌握的最常用也是最重要的检查方法之一。

　　译者本人是从事临床诊疗工作的犬猫心脏科医生，在早年求学阶段研读过本书的第2版，通过对理论和附带音频资料的学习，同时配合大量的临床实践，在听诊方面积累了很多经验。对听诊的有效判读和使用极大地帮助到了临床诊断工作，我也深刻体验和感受到了通过听诊做好鉴别诊断是让诊疗过程变得高效和正确的极佳方法。

　　本书在第2版基础上进行了优化，从最基础的声音产生原理开始阐述，通过对听诊器的正确使用、不同类型疾病声音的特点和鉴别诊断等临床实用知识进行详尽的讨论，同时配合大量的模拟和案例音频，以及贴合实践使用情景的自测题巩固学习效果，能够生动形象地帮助本书的读者充分理解并学会听诊这门实用的诊疗技能。

　　相信无论是兽医专业的在校学生，还是从业多年的临床医生，通过对本书内容反复地研读和实践练习，进而充分掌握临床病例的心肺音听诊操作，于职业生涯的诊疗工作定能受益良多。

曹　燕

2018年12月15日

致 敬

致敬 Bob Hamlin，他是一位优秀的教师、研究员、导师和朋友，富有同理心，具有渊博的专业知识。他对学生和病患的奉献精神，以及对心脏病学的推动发展将始终激励着我。

BRUCE W. KEENE

纪念我的父亲 Frank。他是一位伟大的、充满爱心和慈祥的人，生活充实，教导我意志坚强和博爱。

FRANCIS W.K. SMITH, JR.

感谢我的妻子 Jeri、儿子 Kyle、孙子 Tucker，纪念我的母亲 Dorothy。致敬心中的挚爱。感谢家人和爱宠们给予我最纯粹的生活。

LARRY P. TILLEY

感谢我可爱的妻子 Trudi，她让我学会用爱填满生活。
感谢我的女儿们，Alyssa、Emma 和 Olivia，她们让我保持青春活力。
感谢我的挚友 Bruce Keene，他让我更为睿智。

BERNIE HANSEN

前言

　　心肺听诊是经验丰富的临床医生评估心血管系统的有力手段，单从听诊就能得到很多有用的信息。听诊操作对病患或医生的风险很低，能够迅速完成，而且所需设备并不昂贵、易于维护、便携。但临床医生想要通过听诊来获取有价值的信息，还需大量、长期的练习，而这些有价值的信息需要在疾病确诊前就要得到。通过听诊，临床医生能准确获得动物的心率、节律，以及心脏与大血管内的血流信息，了解肺脏病理状况的出现和病变位置。虽然多种先进的心血管成像技术可用（如超声心动图、核磁共振），并对心脏功能及解剖结构的评估有重要意义，但临床医生通过听诊，结合全面的病史及体格检查，才是决定何时运用这些技术的关键。本书的出版及相应合作网站的建立旨在帮助从业者获得听诊的专业技能。

　　家养动物与人的心音产生机理、心杂音的病理原因通常是相似的。本书中选用了心音模拟器来模拟各种心音，将听者的注意力集中在心音上，而不被呼吸音、听诊器与动物毛发摩擦产生的杂音所干扰。真实心音的辨识是很重要的，因此本书也选用了一些临床病例中所采集的心音以作为模拟心音的补充。同时，本书还使用了一些心电图及心音图，并对各种心音加以阐明。虽然动物与人的心音、心杂音的产生机理大致相同，但两者的心率、常见心脏病和胸壁构造均有所不同，且心音和心杂音传导至体表的声音特点又有很大差异。本书的重点是心音和心杂音，这在临床练习中需更加明确，而肺音相关的内容权当该主题的介绍。

　　我们引用 Dr. John Stone 的一句关于听诊的颇具哲理的话作为本书的概述：

　　一个医生只有用听诊器听了无数个心脏，才能知道怎样去集中精神并聆听。耳朵的训练只能依靠不断实践的经验积累。听诊的艺术之处在于，它就如同聆听莫扎特的单簧管五重奏，只有经过时间的积累，听者才能从庞大复杂的合奏中追寻到大提琴的声音，并对它做出评价（摘自 Stone I: *In the country of hearts*, New York, 1990, Delacorte Press, p. 46.）。

BRUCE W. KEENE, FRANCIS W.K. SMITH, LARRY P. TILLEY, BERNIE HANSEN

如何使用本书

书中内容主要介绍正常心音和心杂音的识别，以及常见心律失常和肺音的听诊特点。我们希望这样能引导你继续学习更精细的心脏检测，得到专业的诊断相关信息。有经验的听者能够建立正常声音和异常声音的"声音库(mental library)"，将听到的病患心音类型和特征与其进行对比。不管是正常心音，还是异常心音，都要尽可能地检查。不管声音模拟器所模拟的声音质量有多高，学习的最佳补充点都是在临床环境中，专家指导下听到的真实心音和肺音。

小贴士

- 两个不同的图标会贯穿全文：音频🔊和视频▶，提示此处的特定主题 [如，第一心音 (S_1)] 在网站有匹配的多媒体文件。
- 开始学习之前，先完成章前测试，以获得最好的学习效果。这样可以帮助确定你已经掌握的内容。
- 完全理解前一章内容之后，再进行下一章学习。反复回顾已学习内容是非常有必要的，遇到很难辨别的心音或心杂音时，不要害怕反复对比细微差异。再次强调，坚持复习，而且在没有掌握前一章内容之前，不要开始下一章。
- 完全掌握一章内容之后，需要进行章后测试(A、B 两部分)。这样能够帮助确定是否已经掌握所学。
- 本书中的一些心音和心杂音可能会有所夸大，以便更好地理解生理和病理情况。这些是假定你已经非常熟悉血液循环的生理过程以及心脏的主要解剖结构。如果没有，那你需要查阅标准的心血管生理课本。
- 你需要使用高品质的回放设备，戴好听诊器，在听模拟器和记录的声音时，将听诊器的胸件部分放在距离播放器 3～4 英寸的位置。你也可以使用连接到笔记本电脑上的扩音器，这也是为听诊器特殊设计的。如果声音不能通过听诊器传播，你会听到一个"隆隆声"，这样说明不可行。
- 书中有许多图片用来描述心音、心杂音和心律失常。每个图片包括心电图(在心音图上方)。心电图用来记录心动周期中每个时期的心音和心杂音(如收缩期、舒张期)。心音图中，单个线条表示心音，而一系列的线条用来表示心杂音。线条的高度提示声音的相对强度(响度)。

致谢

本书改编自备受推崇的《犬猫心音和心杂音快速解读》（*Rapid Interpretation of Heart Sounds and Murmurs*，作者 Dr. Emanuel Stein, Dr. Abner J. Delman）。我们非常感谢 Dr. Stein 和 Dr. Delman 在准备书稿时提供的帮助，并且允许我们使用大量的图片。

感谢 3M 公司提供的设备，感谢 Barbara Erickson（PhD, RN, CCRN）制作的心音、心杂音和心律失常的模拟声音。

感谢 Caroline Miller 为音频文件配音。

Dr. John D. Bonagura 作为我们的朋友、导师以及同事，给予我们很多帮助，感谢他贡献临床中记录的心音、肺音、心杂音和心律失常，方便大家在线学习。Dr. Bonagura 是兽医心脏病学伟大的教育家，他对本书的重要贡献极大地提升了本书的教育意义。

网站上使用的声音，部分是摘自 Dr. Steven Lehrer 的《理解肺音》（*Understanding Lung Sounds*，第 3 版，由 Elsevier 出版），非常感谢。

此外，我要特别感谢 Elsevier 公司的 Penny Rudolph、Courtney Sprehe、Clay Broeker 和 Greg Utz 帮助本书出版，感谢市场部和销售部添砖加瓦让本书趣味性更强。

目录

第 1 章　　心音

目标

这些目标可以帮助你抓住本章的重点，并检验你的进步。完成这一章的学习后，你应该能做到以下几点。

1. 解释听诊器的钟式听头和膜式听头的作用。
2. 了解声音的物理特性。
3. 画出心动周期的血流动力学过程，包括与心音之间的时间关系。
4. 描述正常心音（瞬时心音）的基本特征。
5. 解释和画出第二心音的正常分裂、固定分裂和反常分裂。
6. 列出影响第一心音响度的重要因素。
7. 列出影响第二心音响度的重要因素。
8. 描述第三、第四心音的特征。
9. 辨识奔马音并说明重叠奔马音的来源。
10. 解释喷射音及收缩中期咔嗒音的意义。

章前测试 1

1. 第一心音产生的原因是什么？（　）
   a. 左房室瓣（二尖瓣）的拉紧并关闭。
   b. 右房室瓣（三尖瓣）的拉紧并关闭。
   c. 二尖瓣及三尖瓣的拉紧并关闭。
   d. 二尖瓣及三尖瓣的开张。

2. 为判断心动周期的时间点，需要在听诊时能区分出第一心音及第二心音。以下选项正确的是（　）。
   a. 听诊心尖处时，第一心音要比第二心音强。
   b. 第一心音的音调要比第二心音低。
   c. 第一心音持续时间比第二心音长。
   d. 以上各项均正确。

3. 下面哪一项正确描述了心音的时间点？（　）
   a. 第一心音紧跟心室的收缩出现。
   b. 第二心音紧跟心室的收缩出现。
   c. 第三心音紧跟心室的收缩出现。
   d. 以上各项均不正确。

4. 下面哪一项正确描述了瞬时心音的来源？（　）
   a. 第二心音由左右房室瓣的开张产生。
   b. 第三心音由主动脉瓣及肺动脉瓣的关闭产生。
   c. 第二心音由主动脉瓣及肺动脉瓣的关闭产生。
   d. 第一心音是心室开始收缩后出现，由主动脉瓣及肺动脉瓣的开张产生。

5. 对犬猫来说，第三或第四心音的出现往往是异常的。它们常由以下何种原因引起？（　）
   a. 心脏收缩早期，主动脉或肺动脉的快速扩张。
   b. 血液进入僵硬的心室后流速剧降。
   c. 血液流出僵硬的心室后流速剧增。
   d. 收缩末期时，主动脉内的血液流速剧降。

6. 收缩中期咔嗒音可能提示二尖瓣脱入左心房。对于犬，有时可提示二尖瓣心内膜病。下列哪一项关于收缩中期咔嗒音的说法是正确的？（　）
   a. 通常是心衰的前兆。
   b. 可能与二尖瓣反流音相关，也可能不相关。
   c. 有时会与第三心音或第四心音混淆，尽管它们的命名与收缩期有关，但在舒张期时也会有该杂音出现。
   d. 左心房增大时，该杂音会更明显。

7. 关于听诊器的胸件，下面哪一项陈述是不正确的？（　）
   a. 振膜能屏蔽一些低频率的声音。

b. 如果钟式听头在胸壁上压得太紧，胸壁皮肤会被绷紧而如同振膜一样。

c. 和钟式听头相比，在膜式听头下，很多心杂音和呼吸音强度更大，更容易听到。

d. 听取奔马音（第三和第四心音）时，膜式听头最佳。

8. **关于奔马音（第三和第四心音）的描述正确的是（　）。**

a. 它们的音调常比第二心音低。

b. 它们常出现于心室舒张期。

c. 心率较快的时候，舒张期会缩短，第三及第四心音可能发生重叠，形成重叠奔马音。

d. 以上各项均正确。

9. **对于瞬时心音的强度（响度），以下陈述正确的是（　）。**

a. 第一心音的强度与多种因素相关，其中包括心室的收缩力。

b. 全身性的动脉血压降低，常引起第二心音强度增加。

c. 肺动脉压的增加（即肺动脉高压），常导致第二心音强度降低。

d. 以上各项均正确。

10. **听诊器听到的声音质量取决于以下何种因素？（　）**

a. 听诊器的胸件放于胸壁上恰当的位置。

b. 听诊器的耳件干净。

c. 胸件的材质及保养。

d. 以上各项均是。

缩写表

简写	英文全称	中文全称
A_2	aortic component of S_2	S_2 的主动脉部分
AES	aortic ejection sound	主动脉喷射音
APC	atrial premature complex	房性早搏波群
ASD	atrial septal defect	房中隔缺损
AV	atrioventricular	房室的
CCJ	costochondral junction	肋骨与肋软骨交界处
cps	cycles per second	每秒周期数
DM	diastolic murmur	舒张期心杂音
ECG	electrocardiogram	心电图
ES	ejection sound	喷射音
HOCM	hypertrophic obstructive cardiomyopathy	阻塞性肥厚型心肌病
Hz	Hertz（cycles per second, a synonym of cps above）	赫兹（cps 的同义词）
ICS	intercostal space	肋间隙
LBBB	left bundle-branch block	左束支阻滞
M_1	first main component of S_1	S_1 的第一主要部分
MSC	midsystolic click（s）	收缩中期咔嗒音
P_2	pulmonic component of S_2	S_2 的肺动脉部分
PAT	paroxysmal atrial tachycardia	阵发性房性心动过速
PDA	patent ductus arteriosus	动脉导管未闭
PES	pulmonic ejection sound	肺动脉喷射音
PMI	point of maximal intensity	最强听诊点
PVT	paroxysmal ventricular tachycardia	阵发性室性心动过速
S_1	first heart sound	第一心音
S_2	second heart sound	第二心音
S_3	third heart sound	第三心音
S_4	fourth heart sound	第四心音
SM	systolic murmur	收缩期心杂音
SS	summation sound	重叠音
T_1	second main component of S_1	S_1 的第二主要部分
VD	ventrodorsal	腹背位
VPC	ventricular premature complex	室性早搏波群

声音的基本特性

　　声音的产生和传播均由振动介导。振动组成了一系列的波，这些波由压缩（压力增加的区域）和舒张（压力降低的区域）构成，能在固体、液体或气体介质中传播，一般情况下，声波传播的速度和难易程度与其传播介质的密度成反比。以下几点可以很好地描述声波的特性。

强度（Intensity）

声音的强度取决于声波的振幅（大小或高度）。我们日常用来描述声音强度的词是响度（loudness）。声源产生声音的强度主要由产声的能量大小来决定，同时发声器的功效也会影响到声源声音的强度。一个指定部位听到的声音强度，则受到声源处声音的强度、指定部位与声源距离的影响（声强会随着距离的增加而衰减，如果和声源距离增加 1 倍，则声音强度降低为原来的 1/4）；此外，传播介质的密度及均一性也影响听者对声音的收听（介质对能量的吸收会减弱声音的传播，介质界面间的声波反射还可能造成声强的降低）。

频率或音调（Frequency or Pitch）

声音的频率也叫音调，是每秒内的振动次数或周期数（一次压缩和舒张为一个周期或振动，即周期/秒，cps），频率的测量单位称为赫兹（Hz）。cps 或 Hz 越大，表示声音的频率或音调越高。

持续时间（Duration）

声音的持续时间是声源振动的时间。心血管产生的声音划分为：瞬时音（transient）、短时间振动的声音（如心音、咔嗒音）、长时间振动的声音（如心杂音）。

音质或音形（Quality or Shape）

持续时间较长的声音（杂音），其音质或音形是由构成该杂音的各频率的相对强度及它们之间随时间的共振情况决定的（共振可认为由声音内一些频率的相对扩增）。这一声学特征可以通过图形或杂音排列的形式描记在心音图或声音记录仪。声音的图形是记录声音的强度与频率随时间变化的一种方式，人耳经过训练可以通过音质分辨不同的声音，而音形就与音质相关。例如，相同音符及相同响度下，人耳是可以区分单簧管与双簧管所发出的声音。

声音的感知（Perception of Sound）

除了声音的物理特性以外（受声源环境及传播环境的影响），我们对心血管声音的感知还受到自身感受情况以及包括听觉在内的整合机制的影响。对声音强度（响度或柔软度）的感觉既受到声音真实强度的影响（如声波的振幅），同时也受到声音频率的影响，这是因为人耳对不同频率的声音敏感性不同。人耳最敏感的频率范围是 1 000～5 000 cps，对于这个范围内的声音，人耳会自发地认为该声音比其他强度相同但频率低于该范围内（如 200 Hz）的声音要响亮，这是因为人耳对低频率的声音较不敏感。就算是在正常人中，个体之间的听力灵敏度也存在很大差异，特别是对低频率的声音。

关键点：响度，即声音的感知强度是会受到声音频率的影响。

个体之间的听力差异除了对声音的敏感性外，更重要且具有临床意义的是，通过一定的训练也可以提高人耳的显著差异。这些差异包括：正确感知音形或音质的能力，区分两个瞬时声音之间存在独立音的能力。说到这点，那些受过专业音乐训练的人，或者除了英语外还会说另一种具有大量多意字或具有同一音位却又有很多发音的语言（如粤语）的人，这些人在这一方面具有明显优势。

心血管音

大多数心血管音由心脏及一些大血管产生，这些声音通过体内的液体、固体、气体介质传播到胸壁。我们通常借助听诊器再将这些声音由胸壁输送到我们的耳朵。心血管音可被划分为短暂而局限的声音（即所谓的瞬时音，包括心音和咔嗒音）和较长的多振动混合音（心杂音）。几乎所有具有临床意义的心血管音的频率都在 20 ~ 500 cps（有时能达到 1000 cps）。犬猫中常听到的瞬时心音可被分为：(1) 正常音（第一、第二心音，即 S_1、S_2）；(2) S_1、S_2 正常或异常的变化；(3) 舒张音，常提示存在心脏疾病，如 S_3、S_4（奔马音）；(4) 收缩期喷射音（ESs）或咔嗒音、收缩中期咔嗒音（MSCs）或收缩末期咔嗒音，这些声音有可能提示重大心脏疾病，也可能不具有提示意义。心杂音是持续时间长，并且较复杂的声音。

心脏听诊受到两个因素的限制。首先是人耳的敏感阈值。正常成人的听力范围在 20 ~ 14 000 Hz，但人耳对 1000 ~ 5000 Hz 的声音最敏感，低于 1000 Hz 时，人耳的敏感度会逐渐减低，听觉能力下降，影响对该范围内声音强度的准确评估（有时候通过用手感知振动的方式更好）。因此，有时候高强度的低频心血管声音给人的感觉却比较轻微，难以察觉。人耳听力范围与心血管音的关系见图 1-1 及图 1-2。第二个因素是心音间的间隔。人耳通常能辨别间隔 0.02 ~ 0.03 s 的两个声音，而间隔小于 0.02 s 时，常常被听为一个声音。由于存在这一"听觉敏感"缺陷，听清分裂的心音或辨别两个紧密相连的声音就需要这两个声音至少间隔 0.02 s。经过训练，人耳能更精确地辨别出两个间隔短暂的声音。人的心音通常是包含两个短暂的间隔（分裂音），比较容易发现（如吸气时第二心音的生理性分裂），但犬猫的心率相对较快，同时配合度较差（如做深呼吸），心音分裂较难评估。图 1-3 中描述了几种不同间隔的两个声音，网站上也有相应说明。除上述两个因素外，听诊器也会影响听诊的结果。

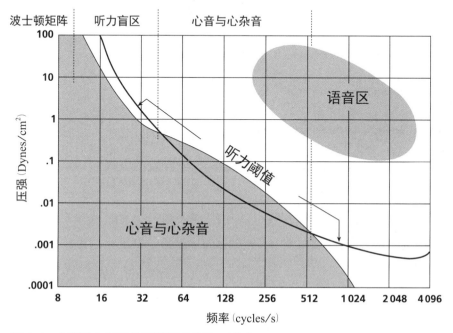

图 1-1 心音及心杂音的正常频率范围。（摘自 *Butterworth JS et al*: Cardiac auscultation, *New York, 1960, Grune & Stratton*.）

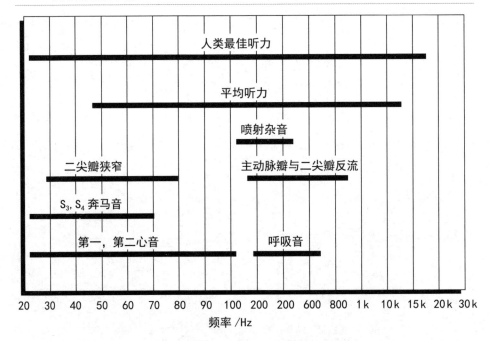

图 1-2 相对频率范围。注意：该图并没有描述声音强度，🔊 见网络音频 1。〔摘自 *Selig MB: Stethoscopic and phonoaudio devices: historical and future perspectives. Am Heart J 126:262, 1993.*〕

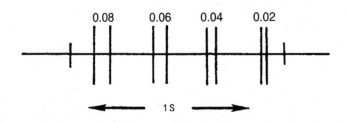

图 1-3 不同间隔的心音 (1/100 s)，🔊 见网络音频 2。

听诊器

听诊器的主要部件包括：胸件(钟式和膜式，是直接与胸壁接触的部分)、听管(连接胸件与头件)、头件(将声音输入双耳)和耳塞(图 1-4)。只需将其轻轻贴于胸壁上，一个好的钟式听头即可传播胸腔内产生的所有声音，无论是高频(100~1000 Hz)还是低频(20~100 Hz),并且衰减很少。频率混杂时,一些响度较大的低频音可能会覆盖掉部分高频的心杂音,因此使用钟式听头听诊时,部分高频音可能丢失或较弱。而膜式听头则可以滤过低频音(20~200 Hz),从而更容易发现高频音。需要注意的是,使用膜式听头时需要将听头紧贴胸壁。膜式听头的最佳材料是中等硬度的材料,而且贴紧到坚硬表面时,不易破裂。大多数听诊器都同时具有膜式及钟式听头,两个听头被一个旋转的轴承分隔。旋转轴承,有一个锁定功能的部件,可以保证听头与听管完美地契合,以便更好地将声音传输到双耳。轴承的质量和耐久性,听头与听管之间的契合装置在很大程度上决定了一个听诊器的寿命。

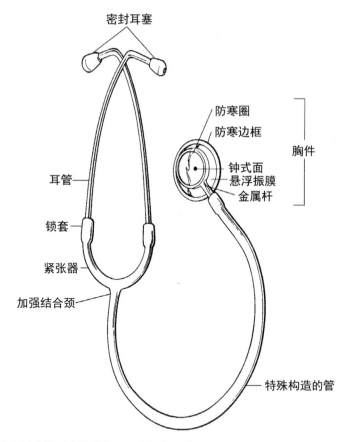

图 1-4 结合型胸件听诊器结构图。胸件有多种尺寸,猫和小型犬常选择儿科或婴儿听诊器。

　　由 3M 公司设计的听诊器已将钟式和膜式结合到胸件的同一面，如
Littmann "Master" 系列听诊器就使用了这一技术（图 1-5）。这些听诊器可
以让使用者通过指尖的压力来转换听诊模式，即听取低频音时，轻按听头；
听取高频音时，重按听头。这种听诊器在听诊时，不需要打断听诊过程，
因此比传统的双面听诊器更方便，更有效率。但这种听诊器也存在缺点，
当使用钟式模式时，振膜仍存在于声路中。

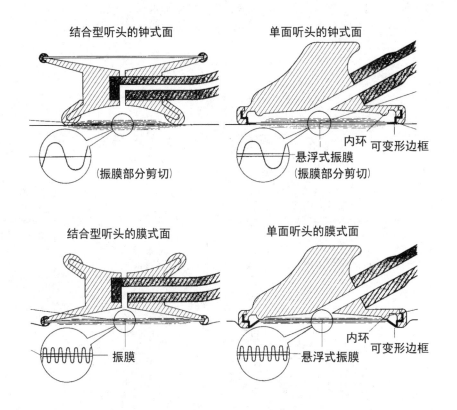

图 1-5　左图是传统听头（结合型听头），钟式面和膜式面位于两面；右图为一种新型听诊
器（3M Littmann Master Classic 2™），该种听诊器将膜式与钟式结合到一面，靠施加压力的
大小来转换模式，轻压为钟式，重压为膜式。（*Courtesy of 3M Health Care, St. Paul, Minn.*）

　　听诊器的听管是连接胸件与头件的部分。听管材料应富有弹性、光滑、
管壁较厚，这样可以减少外周噪声的影响，使声音传播能力最佳。缩短听
管的长度可以减少高频音的衰减。为了更好地传播高频音，应该用两根分

离的导管来连接胸件与左、右两侧的头件（这两根导管可能被包在一起，或被包埋在一根大管内，以防止二根管相互碰撞）。听管的长度一般是 12～20英寸。头件应使耳件保持合适的距离，根据使用者的头部大小进行相应调节。耳件应向耳道的方向微曲，弯曲的幅度也可通过扭转头件的基部来调节。耳塞能够清洁或者更换，佩戴舒适，并能很好地与耳道契合。当前有多种类型和大小的耳塞可供选择，使用者需经过不断尝试来决定最合适的耳塞。舒适的耳塞搭配合适的耳件（具有适当的角度和张力）是良好听诊的基础。

　　当前，电子听诊器已得到飞速发展，但就算使用噪声消除技术，与心音相伴的背景噪声被放大的问题依然存在。在听诊头与动物胸壁之间涂抹超声耦合剂来缓解这些问题（使用该方法后，每次听诊完均要对听诊头全面清理，并确保听诊头上电子元件覆膜的完整性，以防耦合剂或水汽渗入）。除了能对心音及杂音放大外，大多数电子听诊器都可以录音，并能以全速或半速回放，这些功能对判断心动过速动物心杂音的持续时间、音形或音质很有用，而且对瞬时心音的计时也很有帮助，如咔嗒音及奔马音。一些型号的电子听诊器也能以图示方式记录声音，并将其以电子文件的形式（如心音图）储存在电脑中，作为动物医疗记录的一部分。还有一种额外付费的电子听诊器（Welch Allyn Meditron），包含有记录心电图的硬件和软件，可同时记录心电图、心音图及心音，并将其转换成文件储存在电脑中。3M Littmann 型号系列的听诊器包含有降低背景噪声的电路设计，可以减少近75％的背景噪声，同时对听诊部位的声音无显著影响。这些听诊器还有将电子文件通过无线传输到电脑的优点。

成功听诊的关键

　　心肺听诊时，一个干净（通畅）、大小合适且功能正常的听诊器是至关重要的。耳塞必须足够大，以便不用进入耳道就能较好地贴合耳道。胸件必须具有膜式面和钟式面的结合型听头，或二者融合的单面听头。恰当地使用钟式面或膜式面对准确听诊很重要。虽然钟式听头可以传播胸腔内的所有声音，且衰减很少，但钟式听头更适合于听诊低频的心音或杂音，因为这些低频音可能会覆盖高频的心杂音。钟式听头应以较小的压力贴于胸壁，达到排除屋内噪声即可。压力过大会使皮肤绷紧，产生类似振膜的作用，会过滤掉低频音。

　　关键点：总是使用钟式面和膜式面来分别听诊低频音和高频音。

振膜是用来屏蔽低频音的，使用膜式听头时，应加大压力使听头紧贴胸壁（力度足以在手上留下一个持续几秒的圆形印迹）。听诊幼犬、幼猫时，要额外注意，压力过大可能会使胸廓较小或胸壁较薄的动物产生杂音。临床上最常见的与听诊器有关的问题包括：漏气（如振膜、导管或耳塞破裂使外界空气渗入听诊系统）、耳件部分阻塞、胸件与导管未对齐（胸件轴承损坏）、耳件与耳道未对齐（如将听诊器导管弯向后戴）。振膜上的一个小裂痕就能使声音传播能力剧减，用 X 线片替换并不能解决问题。

关键点：使用钟式听头时需轻按，因为压力大时皮肤绷紧，会产生振膜的效果。

动物体格检查时最好在其安静状态下，在一个安静的环境中进行，虽然临床环境可能难以实现。室内的通风系统、大厅的吵闹声、犬吠声、猫叫声、喘息声及客户的攀谈都可能对听诊造成影响。动物应保持站立姿势，除非体型很大，否则最好让其站在桌上。助手在一侧轻微保定动物的头部，但要让头部远离助手身体，以防动物乱嗅影响听诊。如果动物持续喘息，可暂时捏合动物口部。

心血管系统的每次检查都应从心前区的触诊开始（覆盖心脏及大血管的胸壁区域），即检查者将双手贴于动物两侧的胸壁上。触诊心前区感受心脏搏动，大致评估心脏在胸腔中的位置，也可以辅助判断是否存在心脏肥大（扩张或肥大）及心功能相关的问题。心杂音强度足够大时，可感知到心前区震颤，也是心杂音最强的位置。心脏节律也可通过这种方式评估，此外还可以评估猫的胸腔弹性。

完成心前区的触诊后，需要评估双侧动脉脉搏（通常为股动脉），可反映心率、心律及动脉搏动。动脉压是指动脉收缩压和舒张压的差值。动脉脉搏质量随体况、品种、年龄、心率、水合状态、血管内容积、心室功能、兴奋程度或活跃程度而变化。脉搏增强（比正常强）可见于左心室每搏输出量增加或射血率升高（如左心容量负荷）的情况，也可见于动脉系统舒张压降低的情况，或两种因素共同作用。脉搏增强常见原因包括发热、甲状腺功能亢进、主动脉反流、动脉导管未闭（PDA）。脉搏减弱（比正常弱）常见于血容量减少、休克、心脏衰竭或主动脉狭窄（AS）。脉搏强度不一常见于心律失常（如房颤）。有一种特殊的脉搏强度不一的情况被称为奇脉（pulsus paradoxus），多与心包疾病和心包内压升高有关。奇脉定义为，外周动脉压在动物吸气时，出现可感知的降低（强度降低 10 % ~ 15 %）。

系统的心脏听诊可以最有效地识别异常情况。完成心前区和动脉脉搏的触诊后，将听诊器听头置于心尖区域听诊（搏动最强点）。首先识别 S_1 和

S_2 的正常节律（"lub–dup"，S_1 为"lub"；S_2 为"dup"，🔊见网络音频 3）。在心尖区域，和 S_2 相比，S_1 更响，持续时间更久，音调更低。要注意区分由呼吸、战栗、抽搐或听诊器振膜在动物皮毛上滑动所产生的干扰音。值得注意的是，有时在胸腔入口处听到的静脉"嗡嗡声"可能会混淆为心杂音。指关节处发出的声音也可能被误认为杂音，所以需要训练听者手持听头保持不动的能力。

听诊时，听头需要在心尖和心基部之间缓慢重复移动，听诊左侧胸的整个心前区，包括腋下深部；听者应小幅度移动听头对心尖与心基部间的数个位置进行听诊，该过程被称为听诊器的寸移（inching）；右侧同理。先用膜式听头，随后转换为钟式听头再次听诊。听头由心尖部移向心基部的过程中，正常动物的 S_2 强度逐渐变大（S_1 强度变弱），在膜式听头听诊心基部时，S_2 比 S_1 响，且音调更高。S_1 与 S_2 相对强度的变化可表述如下：心尖部（LUB-dup）、心尖与心基之间（lub-dup）、心基部（lub-DUP）。影响心音强度的因素见框 1-1。

关键点：从心尖部往心基部寸移听诊器有助于区分 S_1（心尖部最响）与 S_2（心基部最响）。

框 1-1　影响心音强度的因素	
强度增加	动物胸壁较薄 心室强力收缩（甲状腺功能亢进、兴奋）
强度减弱	肥胖 胸腔积液 心包积液 膈疝或心包膈疝 气胸 心室收缩力降低（甲状腺功能减退、扩张型心肌病）

分清每个位置上 S_1 与 S_2 的节律后，听诊者应集中精神来找寻其他可能出现的心音或杂音。这些描述应包含心音最强点（该位置的声音最容易听到）、强度（杂音的强度等级为 1~6 级）、时间（何时听到的声音）、持续时间（声音多长）及音质（音形）。心杂音及其描述将在第二章详细讨论。还需要注意，呼吸对心律、心音及各种杂音也会产生影响。

对于 S_1 和 S_2 的节律难以确定的动物，听诊过程中触诊外周动脉有助于辨别第一心音（动脉脉搏紧跟 S_1）。同时听诊与脉搏触诊还可以诊断脉搏缺失（S_1 之后并没有跟随动脉搏动，之后也没有正常的 S_2）。脉搏缺失通常提示心律失常，且心率较高时，常伴有早搏（室性或室上性）。然而有时，听诊及脉搏触诊同时进行会引起混乱，但心率低于 120 次 /min 的无症状健康动物，并不需要过度担忧心律失常的情况。值得注意的是，脉搏缺失并不常见，即使是心率过缓或正常的动物，发生异位起搏时也较少出现脉搏缺失。

心脏听诊的主要区域

听诊主要在 4 个瓣膜区域进行（图 1-6 及表 1-1）。其他一些区域对心脏听诊也很重要。

关键点：听诊时，要完整听诊 4 个瓣膜区域，特别是听诊幼犬、幼猫时。

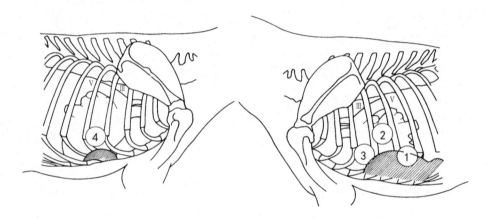

图 1-6　犬心脏听诊的主要区域（猫类似）。1. 二尖瓣区域；2. 主动脉瓣区域；3. 肺动脉瓣区域；4. 三尖瓣区域。其中，二尖瓣、主动脉瓣和肺动脉瓣的听诊位置均在左侧胸壁，三尖瓣在右侧胸壁。阴影区为心音模糊区。〔摘自 *Detweiler D, Patterson DF: A phonograph record of the heart sound and murmurs of the dog. Ann NY Acad Sci 127:323, 1965.*〕

表 1-1　心音听诊的主要部位

听诊区域	犬	猫
二尖瓣区域	左侧第 5 肋间，肋骨、软骨交界处	左侧第 5~6 肋间，胸骨上方胸腹间距 1/4 水平处
主动脉瓣区域	左侧第 4 肋间，肋骨、软骨交界处上方	左侧第 2~3 肋间，肺动脉背侧
肺动脉瓣区域	左侧第 2~4 肋间，胸骨左缘处	左侧第 2~3 肋间，胸骨上方胸腹间距 1/3~1/2 处
三尖瓣区域	右侧第 3~5 肋间，近肋骨、软骨交界处	右侧 4~5 肋间，胸骨上方胸腹间距 1/4 处

心动周期的血流动力学

　　理解心动周期的血流动力学（图 1-7）对心脏听诊是至关重要的。心动周期是一个连续的过程，但一般将其分为独立的收缩-舒张两个阶段更有助于我们的理解。

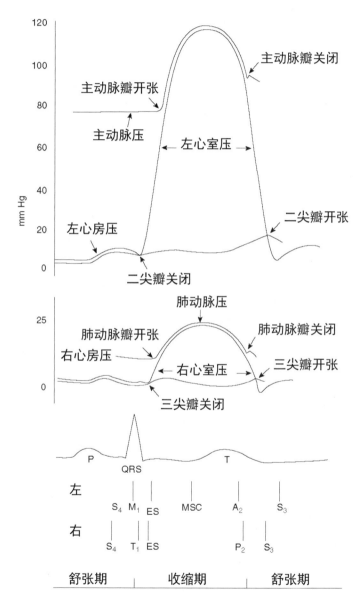

图 1-7 心动周期的血流动力学。

S_4: 第四心音；MSC: 收缩中期咔嗒音；M_1: 第一心音（S_1）的第一部分；T_1: S_1 的第二部分；ES: 喷射音；A_2: 主动脉瓣关闭音；P_2: 肺动脉瓣关闭音；S_2:（A_2+P_2）；S_3: 第三心音

心室收缩 (Ventricular Systole)

心室受到电刺激活化后开始收缩(心电图中，左右心室的电刺激记录为 QRS 波群)。随着心室肌收缩，心室内压逐步升高，当高于心房内压(通常小于 10 mmHg) 时，左右房室瓣会关闭并绷紧 [二尖瓣 (M_1) 及三尖瓣 (T_1) 的关闭产生 S_1]。第一心音标志了心室开始机械性收缩的听觉信号。紧跟着出现短暂的等容收缩期(isovolumetric contraction)，即心室压不断上升，但心室容积保持恒定。当心室压超过主动脉及肺动脉压时，等容收缩期结束，此后主动脉及肺动脉半月瓣开张，射血期开始。射血期(ejection phase) 又被分为快速射血期和减慢射血期。快速射血期为早期，持续时间短，射血速度快，这一阶段主动脉压及心室压快速升高，血液从心室中快速射出。减慢射血期持续时间较长，射血速度较慢。整个射血期通常是安静的(正常情况下，心脏瓣膜打开是没有声音的，血流从心室进入主动脉及肺动脉时也是平滑、无声或层流)。整个心室收缩期中，血液持续回流到心房，心房压逐渐升高。心室肌收缩终末(收缩期末期)，正常犬猫从心室泵出的血量，会远大于收缩期开始时血量的 1/2。心室收缩开始(实际上为舒张末期)与结束时心室内的血容量差值称为每搏输出量(stroke volume)，心室射出的这部分血液比例称为射血分数(ejection fraction)。

心室舒张 (Ventricular Diastole)

心室收缩期末，心室压开始下降，当心室压低于主动脉及肺动脉压时，主动脉瓣及肺动脉瓣会关闭，从而产生第二心音 (S_2)。S_2 可被分为主动脉部分 (A_2) 及肺动脉部分 (P_2)，是收缩期结束及舒张期开始的听觉信号。与收缩期类似，舒张期也有一个短暂的等容舒张阶段。在这个短暂的阶段内，心室肌主动舒张，心室压下降，但容积不发生改变(左右房室瓣及半月瓣都处于关闭状态)。当心室压低于心房压时，会进入快速充盈期(rapid filling phase)，此时二尖瓣及三尖瓣开张，血液快速涌进心室。和射血期相似，血液涌入心室这一过程通常也没有声音，但心室的容积快速变大，心房压下降。在马和牛(具有大心室的大动物)，或心室肌非常僵硬的犬猫，会在快速充盈期末血流速度迅速下降，从而形成一个短暂的低频第三心音 (S_3)。

心室快速充盈期后紧接着一个慢速充盈的阶段，称为舒张末期(diastasis)。在这个阶段，仍存在被动的心室充盈，心室压和心房压会逐渐增加(正常情况下幅度较小)。心房受到电信号激活(ECG 中的 P 波)后开始收缩；心房的收缩(发生于心室舒张期)可使心室容积增加(心率快时能上升达 30 %)；此时，心房压和心室压二者都有少量升高。在许多正常的马和牛，以及心室肌僵硬的犬猫，心房收缩后，由于进入心室的血流减速可能产生短暂的低频第四心音 (S_4)，第四心音后紧跟着心室开始收缩。

第一心音 (S_1)

我们从二尖瓣区域 (左心尖处) 开始对第一心音听诊，该部位的正常心音特征为 "LUB-dup"。S_1 是心室开始收缩的信号 (图 1-7)，钟式听头或膜式听头都能较好地听到 S_1。S_1 主要由二尖瓣音 (M_1) 和三尖瓣音 (T_1) 构成，这两个声音的频率较高，因此使用膜式听头效果会更好。S_1 的最主要部分是 M_1，M_1 在左心尖部最响。心室收缩早期，二尖瓣的突然关闭和拉紧就产生了 M_1。听诊时，可察觉到的 S_1 强度的变化常常是由 M_1 变化引起的。

关键点：使用膜式听头，在左侧心尖部听诊 S_1 最佳。

S_1 的另一个部分 T_1，其声音通常比 M_1 柔和，三尖瓣区域听诊最佳 (右侧心尖部)。右心室收缩期早期，三尖瓣的关闭和拉紧产生了 T_1。犬猫少见 S_1 的生理性分裂 (可听到独立的 M_1 和 T_1，而缺乏可见的病因)。但偶尔在大型犬和巨型犬中听到，则认为是正常现象。S_1 的病理性分裂常见于心室电传导异常，如单侧心室的电传导被推迟 (束支传导阻滞)，或室性异位搏动 [室性早搏 (VPCs) 或室性逸搏，指该心室起搏时间明显早于其他心室]，此时，可感知的 S_1 分裂音最佳听诊部位为三尖瓣区域 (图 1-8)。即使在三尖瓣处能听到分裂音，在左侧胸壁处也可能仅听到单一的 S_1 (图 1-9 和图 1-10)。S_1 分裂要与 S_4-S_1、S_1- 喷射音和 S_1- 收缩咔嗒音相辨别。

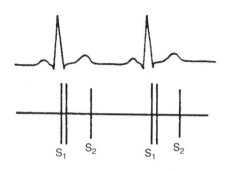

图 1-8　三尖瓣区域，分裂的 S_1 (M_1 和 T_1) 和 S_2。注意：三尖瓣区域 S_1 比 S_2 响。少数情况下，大型犬的三尖瓣区域可听到 S_1 分裂音，🔊见网络音频 4。

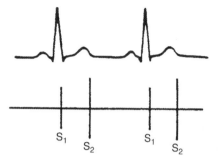

图 1-9　主动脉区域的 S_1 和 S_2。注意：主动脉区域 S_2 比 S_1 响，🔊见网络音频 5。

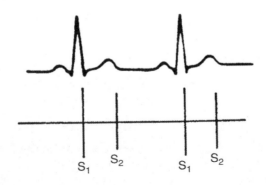

图 1-10   左侧心尖处的 S_1 和 S_2。注意：左侧心尖处 S_1 比 S_2 响，🔊 见网络音频 6。

　　有经验的医生可以根据心尖部位 S_1 的相对强度和绝对强度来评估心脏的结构和功能。首先检查者应比较 S_1 与 S_2 的强度，很多异常可以改变所有心音的强度（框 1-1）。然而，同样要评估动物 S_1 的强度和当前的状态，因为有些疾病只会影响 S_2，而不会影响 S_1（如若发现 S_1 和 S_2 的强度相差明显，就认为 S_1 出现异常并不可靠）。对于健康动物，听诊位置会影响 S_1 的强度，通常在 S_2 强度的一半到两倍之间。大部分情况下，在二尖瓣处（左侧心尖部）S_1 比 S_2 要更响、更持久，并且频率更低。在此位置听诊到的心音"LUB-dup"节律常由单一的 S_1（主要反映的是 M_1 音）和 S_2（主要反映的是 A_2 音）构成。

　　关键点：猫的两种常见病，系统性高血压和甲状腺功能亢进都能引起 S_1 增强。

　　与猛关一扇门类似，促使二尖瓣关闭的力量大小、关闭前二尖瓣的相对位置、瓣膜的健康状态（影响相对较弱）都会影响 S_1 的强度。简单理解为：若门张开得大，在关门的时候，其声音可能也会大；若仅开一个小缝，关门时也很难产生很大的声音。同时，关门的力量越大，关门声也越响。此外，如果门的材质越结实，门拍打门框时，产生的声音也越大。所以，S_1 的强度反映了促使瓣膜关闭的力量强度（心室收缩），这个力量是由心室收缩决定的，同时也受动物的血容量状况影响（Frank-Starling 法则）。减弱心肌收缩力（如 β - 受体阻断剂）或降低心室容积的情况（如低血容量性休克）常常

会降低 S_1 的绝对强度，也可能降低相对强度。除心肌收缩力以外，心室收缩前，二尖瓣的位置在很大程度上也会影响 S_1 的强度。相同力度的前提下，瓣膜在关闭过程中移动的幅度越大，关闭时所产生的声音也越响。心室舒张末期，瓣膜的位置主要由 ECG 中的 P-R 间期决定。例如，P-R 间期较短（如心室兴奋提前），心房收缩后紧跟着心室收缩，心房收缩引起瓣膜张开较大，紧跟着的心室收缩就可产生较响的 S_1；反之，如果 P-R 间期较长（如一级房室传导阻滞），心房收缩后瓣膜正常开张，瓣膜缓缓关闭，在心室收缩前，瓣膜之间的距离比之前变小，所以 S_1 的强度会减弱。因此，收缩力相同时，若 P-R 间期缩短，则 S_1 最响；大多数中间范围的 P-R 间期下，S_1 强度也处于中间范围；P-R 间期延长时，可能产生相对较弱的 S_1。血容量和心脏收缩一定时，S_1 强度与 P-R 间期的关系见图 1-11。S_1 增强或减弱的异常情况见框 1-2 和框 1-3。

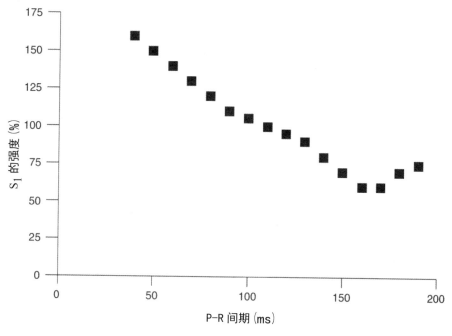

图 1-11　S_1 强度与不同 P-R 间期的关系

除了异常增强或减弱外，正如在房颤、严重窦性心律失常、莫氏 I 型二级房室传导阻滞、房性早搏或室性早搏时所见，当 P-R 间期出现变化，或者 R-R 间期明显改变时，每次搏动的 S_1 响度变化都很大。

框 1-2　S_1 异常增强的常见情况

P-R 间期变短

左心室收缩增强：

  怀孕

  甲状腺功能亢进

  运动

  发热

  贫血

  系统性高血压

  影响心肌收缩的药物（如肾上腺素）

  兴奋或恐惧

  动静脉瘘管

框 1-3　S_1 异常减弱的常见情况

P-R 间期延长（一级房室传导阻滞）

左心室功能减退：

  甲状腺功能减退

  重度充血性心衰 – 扩张型心肌病

  休克（低血容量）

  左束支传导阻滞

  负性心肌收缩药物（如 β – 受体阻断剂）

异常等容收缩：

  主动脉瓣反流

  二尖瓣反流

  二尖瓣严重钙化或受损

第二心音（S_2）

  我们现在将听诊部位由心尖部转移到心基部。心基部听诊时，S_2 通常比 S_1 更响亮（节律为"lub-DUP"）、持续时间更短、音调（频率）更高。S_2 标志着心室收缩期的结束（图 1-7）。S_2 可分为两部分：主动脉瓣部分（A_2）和肺动脉瓣部分（P_2）。有时健康动物中，也能单独听到 A_2、P_2，这是因为主动脉瓣与肺动脉瓣关闭的不同步，首先主动脉瓣关闭，随后肺动脉瓣关闭。动物吸气时，S_2 的这一分裂现象明显增强（生理性的）。这是由于吸气时，胸腔压力和肺血管阻力下降，回流到右心室的静脉血增多，而血液也集中在肺脏，从而降低了左心室的回血量。因此，右心室射血时间延长，P_2 延迟，左心室射血时间缩短，A_2 相对提前。呼吸快速或心率快的犬猫中，很难察觉 S_2 的生理性分裂。心脏听诊的所有标准区域均能听到 A_2，但主动脉瓣及肺动脉瓣区域最明显。P_2 通常比 A_2 弱，在肺动脉瓣区域听诊最明显

（左心基处）。综上，动物吸气后听诊左心基部位，最易感知 S_2 分裂音；而在二尖瓣区域，S_2 通常为单一声音（图 1-12，🔊 见网络音频 7）。

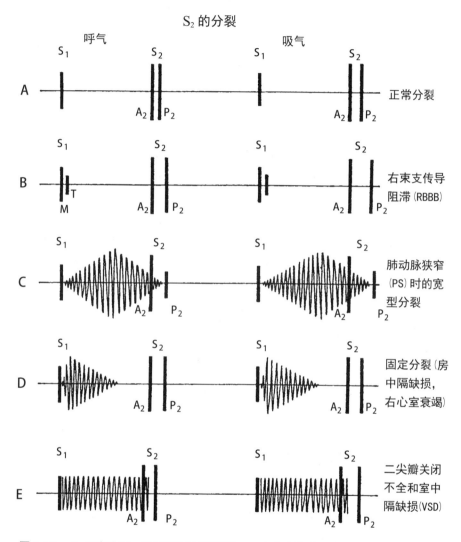

图 1-12　A. 正常分裂，只有吸气时能听到。B. 右束支传导阻滞（RBBB）时表现出的宽型分裂。注意呼气时 P_2 延迟，吸气时延迟更长。C. 肺动脉狭窄（PS）时的宽型分裂。注意呼气时 P_2 延迟，吸气时延迟更长。D. 固定分裂（房中隔缺损，右心室衰竭）。注意 P_2 在呼气时延迟，而吸气时无影响。E. 二尖瓣关闭不全和室中隔缺损（VSD）。注意 A_2 有提前，特别是吸气阶段。（改自 *Leonard JJ, Kroetz RW, Shaver JA*: Examination of the heart: auscultation, Dallas, 1974, *American Heart Association.*）

关键点：使用膜式听头，在左心基部听诊 S_2 最佳。

如前文所述，正常人耳能分辨或经过训练能分辨的心音包括"清脆音"（短暂的单音）、"模糊音"或"延长音"（单音的延长或者双音的间隔小于 0.02 s）、"分裂音"（双音间隔大于 0.02 s）。因此，S_2 的分裂只有在 A_2 与 P_2 间隔大于或等于 0.02 s 时才能察觉。S_2 的分裂音最好用膜式听头来听诊。

S_2 病理性分裂音常提示心血管系统异常。异常分裂音包括：（1）持续分裂；（2）固定分裂；（3）反常分裂。引起 S_2 分裂间隔时间延长，但 A_2-P_2 关系正常的疾病见框 1-4。

对于持续分裂（persistent splitting），A_2-P_2 间隔时间在整个呼吸周期内都增宽。正常情况下，吸气时分裂间隔变宽，呼气时变窄，且呼气时 S_2 表现为一个单音。持续分裂时，间隔的变化仍然存在，但呼气阶段，S_2 并不表现为单音（图 1-12，🔊 见网络音频 8）。

固定分裂时（fixed splitting），A_2-P_2 间隔在整个呼吸周期都比正常时要宽，但随呼吸运动发生的变化很小（小于 0.01 ~ 0.015 s，几乎不能感知）。S_2 的分裂间隔在吸气和呼气时不变（图 1-12，🔊 见网络音频 9）。

框 1-4　　　S_2 分裂增宽的常见原因	
肺动脉瓣关闭延迟	**主动脉瓣关闭提前**
右心室激动迟缓	左心室射血时间缩短
右束支阻滞	二尖瓣关闭不全
起搏器心跳（左心室）	室中隔缺损（VSD）
左心室异位搏动	
右心室机械性收缩延长	
室中隔完整的肺动脉狭窄（中度到重度）	
急性肺血管大面积栓塞	
肺动脉高压伴右心衰竭	
心丝虫病	
肺血管床阻力下降	
房中隔缺损（血压正常的动物）	
肺动脉扩张（特发性）	
肺动脉狭窄（轻度）	
呼气时正常心脏出现的不明原因分裂音	

注：摘自 Shaver JA, O'Toole JD: The second heart sound: newer concepts. Part 1: normal and wide physiological splitting, *Mod Concepts Cardiovasc Dis* 46 (2):7-12, 1977. By permission of the American Heart Association.

反常分裂时 (paradoxical splitting)，主动脉瓣的闭合比肺动脉瓣的关闭明显延迟，主动脉瓣关闭可能发生在肺动脉瓣闭合之后，颠倒了正常的 A_2-P_2 节律，而变为 P_2-A_2。S_2 反常分裂通常在呼气时更宽 (P_2 早于 A_2，P_2 在呼气时更早)，而在吸气时变窄 (因为 A_2 早于 P_2，P_2 在吸气时发生延迟) (图 1-13)，🔊 见网络音频 10，引起 S_2 反向分裂的原因见框 1-5。

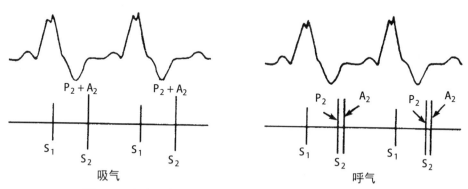

图 1-13　左束支传导阻滞 (LBBB) 动物出现的 S_2 反常分裂。

框 1-5　S_2 反常分裂
左束支传导阻滞
右心室起搏
动脉导管未闭
主动脉狭窄
主动脉瓣明显反流
严重系统性高血压

关键点：犬的 S_2 响亮且存在分裂时，应着重怀疑肺动脉高压，以及心丝虫病。

S_2 的响度是由 A_2 及 P_2 的总和决定的，A_2 或 P_2 增强均会引起 S_2 强度增大 (框 1-6)。当 P_2 异常增强时，在肺动脉区域，P_2 明显比 A_2 响。犬 S_2 响亮且有分裂时，应首先怀疑肺动脉高压。与 S_2 异常减弱相关的疾病见框 1-7。

心动过速性心律失常时，可能无法听到 S_2，甚至 S_2 都不存在。受到异位搏动的时间和性质的影响，心室的充盈程度可能不足以提供足够的收缩力使半月瓣开放，因此也就没有随后的关闭过程，从而出现脉搏缺失，以及 S_1 后听不到 S_2 的情况。

框 1-6   S$_2$ 异常增强
A$_2$ 异常增强 　系统性高血压 　主动脉扩张或升主动脉瘤 　主动脉瓣狭窄（非瓣膜钙化） **P$_2$ 异常增强** 　继发于充血性心衰的肺动脉高压 　先天性左至右分流疾病 　　动脉导管未闭（PDA） 　　室中隔缺损（VSD） 　　房中隔缺损（ASD） 　原发性肺动脉高压 　肺血管栓塞 　特发性肺动脉扩张 　轻度肺动脉瓣狭窄 　心丝虫病

框 1-7   S$_2$ 异常减弱
S$_2$ 整体减弱（心室功能显著下降） 　甲状腺功能减退 　休克 　扩张型心肌病 **A$_2$ 减弱** 　主动脉瓣严重钙化引起的主动脉狭窄 　主动脉瓣明显反流 **P$_2$ 减弱** 　任何原因引起的肺动脉严重狭窄

第三心音（S$_3$）

快速充盈阶段，即心室舒张早期，血液会快速流入心室。正常情况下，犬猫的心室在这个阶段并不会产生声音。如果心室顺应性下降，心室壁和心室内的血液快速减速，则会产生可感知的低频振动，即第三心音（S$_3$，图 1-7，🔊见网络音频 11）。S$_3$ 通常由左心室产生（因为左心室壁厚，更容易发生顺应性下降），因此，将钟式听头轻轻贴在左心尖部，听诊 S$_3$ 最佳（图 1-14）。对于犬猫，S$_3$ 最常见于各种心脏容量负荷增加的疾病（如扩张型心肌病，二尖瓣长期重度关闭不全）。有时 S$_3$ 也可能起源于右心室，此时在三尖瓣区域听诊最佳。产生 S$_3$ 的一些疾病见框 1-8。

关键点：用钟式听头，在左侧心尖部听诊 S$_3$、S$_4$ 最佳。

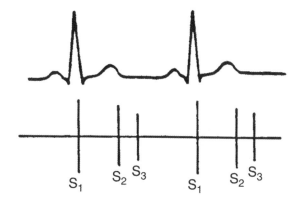

图 1-14   S₃：源于一只患有扩张型心肌病的杜宾犬。

框 1-8 S₃ 奔马音的常见情况	
左心室舒张期负荷过大	**右心室舒张期负荷过大**
二尖瓣反流	三尖瓣反流
主动脉瓣反流	肺动脉瓣反流
左至右分流	左至右分流
高心输出量状态 (high-output states)	高心输出量状态 (high-output states)
心室顺应性降低或平均心室舒张压升高或两者均出现	
心肌病	
心室衰竭	
缺血性心脏病	

摘自 Tilkian AG, Conover MB: *Understanding heart sounds and murmurs*, ed 4, Philadelphia, 2001, Saunders.

回心血流速度过快 (如兴奋、运动) 可能提高 S₃ 的强度。长期静卧可引起静脉回心血量减少，则可降低 S₃ 的强度，甚至消失。S₃ 的强度也会表现出一些与呼吸相关的变化，如呼气时，左心室产生的 S₃ 增强；吸气时，偶尔可见右心室产生的 S₃ 加强。犬猫出现 S₃ 多认为是病理性的，但心脏较大的动物出现 S₃ (如马和牛)，则一般认为是正常的。S₃ 常被称为舒张早期或室性奔马音。

关键点：入心血流速度越快，减速速度越快，则产生的 S₃ 也越强。S₃ 常出现于心室肌僵硬，血液流入速度快的情况，包括高心输出量的情况、二尖瓣或三尖瓣反流、扩张型心肌病。

第四心音 (S₄)

　　与 S₃ 相似，S₄ 出现于另一个有大量血液快速进入心室的时期，即心房收缩后，心室收缩前的这一个阶段 (图 1-7)。S₄ 的发生机制也与 S₃ 相似：心室快速充盈的时期，如果心室肌异常僵硬 (就犬猫而言) 会使心室壁和血液流速剧减，从而产生可感知的低频振动。S₄ 也被称为房性奔马音或收缩前奔马音。左心和右心都可以产生奔马音 (犬奔马音 🔊 见网络音频 12)。右心 S₄ (来自右心室) 在三尖瓣区域听诊最佳，动物吸气时，S₄ 强度会增加。而左心 S₄ (来自左心室) 在左心尖处听诊最佳，在呼气时 S₄ 强度增加。临床上，S₄ 奔马音最常见于向心性左心室肥厚，如肥厚型心肌病。通常，犬猫在收缩前期出现的 S₄ 奔马音多提示异常。与左心室或右心室 S₄ 相关的心脏疾病见框 1-9。

　　关键点：犬猫出现 S₃、S₄ 通常提示病理性变化。

　　与 S₃ 一样，S₄ 也是一种低频心音 (图 1-15)，最佳听诊方式是使用钟式听头轻贴胸壁。入心血量增加时 (如运动)，S₄ 强度也可能增强。静脉回心血量减少时，S₄ 强度也会降低，甚至消失。

框 1-9　　S₄ 奔马音的常见情况	
左心室收缩负荷过大	**心室顺应性降低或舒张末期心室压升高或两者均出现**
系统性高血压	心肌病
左心室流出道梗阻	心室衰竭
主动脉狭窄	缺血性心脏病
	心肌梗死
右心室收缩负荷过大	
肺动脉高压	**其他一些与心室过度充盈有关的疾病**
右心室流出道梗阻	甲状腺毒症 (thyrotoxicosis)
肺动脉狭窄	贫血
	二尖瓣反流 (急性、重度)
完全心脏传导阻滞 (S₄ 随机出现于舒张期)	动静脉大瘘管

摘自 Tilkian AG, Conover MB: *Understanding heart sounds and murmurs*, ed 4, Philadelphia, 2001, Saunders.

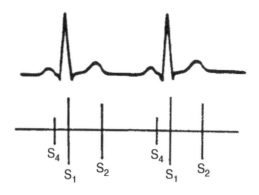

图 1-15　一只肥厚型心肌病患猫的 S_4，🔊见网络音频 13。

四重律，重叠音或重叠奔马音

一些情况下，听诊心音可听到所有的 4 种心音，即四重律〔quadruple rhythm〕〔图 1-16，🔊见网络音频 14〕。当 S_3 和 S_4 同时存在且心率较快时，收缩期缩短，S_3 和 S_4 相互接近，可能被听诊为单一心音，即称为重叠音〔summation sound, SS〕或重叠奔马音〔summation gallop，图 1-17，🔊见网络音频 15〕。猫的心率普遍较快，因此与犬相比，猫更常见重叠奔马音。

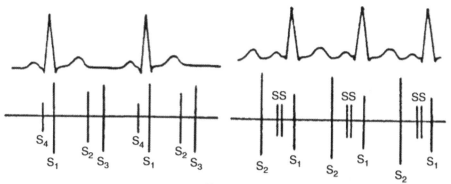

图 1-16　由 S_1,S_2,S_3,S_4 构成的四重律，🔊见网络音频 16。

图 1-17　扩张型心肌病患猫 S_3，S_4 重叠奔马律。

关键点：S_3 奔马音最常见于容量负荷过大的犬，如二尖瓣疾病或扩张型心肌病。S_4 奔马音最常见于肥厚型心肌病的猫。

喷射音和咔嗒音

喷射音 (ejection sounds, ESs) 或咔嗒音 (ejection clicks, ECs) 是出现于 S_1 主音 M_1 后独立的高频音，其发生在心室射血开始阶段 (图 1-18)。主动脉循环和肺动脉循环均可以产生 ESs。依据"喷射音"和"咔嗒音"两个名词常可相互替代使用。当声音短暂且频率较高，听到"咔嗒"声音时，就被称为喷射咔嗒音。当没有"咔嗒"声存在时，常被称为喷射音。喷射音或咔嗒音在犬猫中并不常见。

主动脉喷射音 (aortic ejection sounds, AESs) 在左心基部听诊最佳。AESs的出现可能有两个原因。第一种情况出现于左心室开始向主动脉射血阶段。射血时，能量的释放及震动可能使 S_1 中 T_1 部分的强度升高。射入主动脉的血量增加或力度增强，以及系统性高血压都可能出现这种AESs，通常与主动脉干扩张有关。第二种类型的 AESs 出现于主动脉瓣狭窄 (犬猫少见)，在心室刚开始射血时，异常融合的主动脉瓣就达到了开张的极限，进而产生了 AESs。

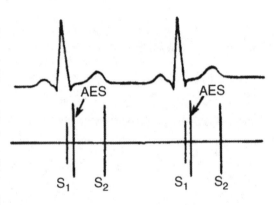

图 1-18　主动脉瓣狭窄动物的主动脉喷射音 (AESs)，🔊见网络音频 17。

AESs 为高频心音，因此，用膜式听头听诊效果较好。AES 的识别取决于 AES 和 S_1 的相对强度以及 AES 和 S_1 之间的间隔长短。AESs 与 S_1 的联合，要与 S_4-S_1 或 S_1 分裂相互辨别。高频率的 ESs 有助于其与低频的 S_4 相区分。框 1-10 列举了临床中可能出现 AESs 的一些疾病。

框 1-10　主动脉喷射音的常见情况
与左心室强力射血相关
甲状腺功能亢进
运动
贫血
其他心脏高输出状态
伴有或不伴有系统性高血压的主动脉升支扩张
主动脉瓣狭窄

肺动脉喷射音 (pulmonic ejection sounds, PESs) 在沿左侧胸骨边缘的肺动脉瓣区域听诊最佳。PESs 出现于 M_1 之后 (图 1-19)。PESs 的出现可能与肺动脉瓣狭窄有关 (较主动脉瓣狭窄更为常见)，也可能由肺动脉产生，伴有或不伴有肺动脉高压。PESs 产生于右心室开始向肺动脉射血阶段。一般由肺动脉瓣狭窄导致的 PESs 出现于心室收缩早期，根据作者的经验，这种情况易与极度响亮的 S_1 相混淆。膜式听头听诊 PESs 最佳。可能与 PESs 有关的心脏疾病列于框 1-11。

框 1-11 肺动脉喷射音的常见情况
伴有肺动脉高压的主肺动脉扩张 　　心丝虫病 　　复发性肺动脉栓塞 　　原发性肺动脉高压 **不伴有肺动脉高压的肺动脉干扩张** 　　特发性肺动脉扩张 　　房中隔缺损 **肺动脉瓣狭窄**

收缩中期单咔嗒音或多咔嗒音

收缩中期咔嗒音 (midsystolic clicks, MSCs)（🔊见网络音频 18）属于独立的高频音，常出现于心室收缩的中期到后期 (图 1-20，🔊见网络音频 19)。这些心音使用膜式听头听诊，最佳听诊位置为二尖瓣及三尖瓣区域。MSCs 可单独出现，可能出现在刚开始阶段，或出现在收缩中期到后期的心杂音

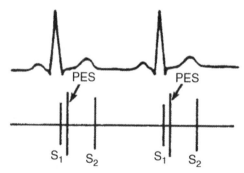

图 1-19　肺动脉瓣狭窄动物的肺动脉喷射音（PESs）。

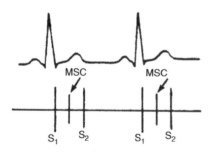

图 1-20　二尖瓣脱垂动物的收缩中期咔嗒音（MSCs），🔊见网络音频 19。

中，也可见于全收缩期杂音内，或者被全收缩期杂音所覆盖。MSC 出现的时间和强度不定，可能随时消失，或表现为单音或多音，可能出现在收缩中期或后期。人医认为，若存在异常的二尖瓣脱垂时，在心室收缩期间，会导致冗余的腱索或者二尖瓣小叶的突然绷紧，进而产生 MSCs。二尖瓣黏液瘤样退行性病变的犬有时也会出现 MSCs。一些无明显心脏疾病的犬，偶尔也可听到收缩期咔嗒音，但对于查尔王小猎犬而言，收缩期咔嗒音常与二尖瓣脱垂相关，提示未来可能出现慢性的瓣膜性心脏疾病。

章后测试 1

A 部分

1. 左束支阻滞能引起 S_2 反常分裂 (paradoxical splitting)。（　）

    a. 对　　b. 错

2. 犬猫常出现喷射音。（　）

    a. 对　　b. 错

3. 严重肺动脉狭窄的动物，S_2 强度更大。（　）

    a. 对　　b. 错

4. 左心室 S_3 在左心尖处听诊最佳。（　）

    a. 对　　b. 错

5. 吸气时，流入右心室的血量会增加。（　）

    a. 对　　b. 错

6. S_2 持续分裂可见于犬心丝虫病。（　）

    a. 对　　b. 错

7. S_3 的频率较 S_2 低。（　）

    a. 对　　b. 错

8. 猫的心率较快，所以重叠奔马音在猫中要比犬少见。（　）

    a. 对　　b. 错

9. S_3 在幼犬及幼猫为正常心音。（　）

    a. 对　　b. 错

10. S_3 为低频心音，最好使用钟式听头听诊。（　）

    a. 对　　b. 错

Part B

Directions: Part B consists of 10 unknowns presented on the accompanying website. After determining the correct answers, fill in the appropriate blanks. Pay close attention to the location and timing of the heart sounds. Because you are not examining the patient, the location and, where appropriate, the timing are provided.

B 部分

B 部分有 10 个音频，将正确的答案填入 _____。注意心音的部位和时间点。由于不能对动物进行体格检查，题干中会提供听诊部位以及心音时间点相关信息（音频文件见章后测试 1-B 部分 🔊 网络音频 1~10）。

🔊 1. Apex. _____

🔊 2. Aortic area. Identify the early systolic sound. _____

🔊 3. Apex. Identify the diastolic sound. If the rate were lower, two diastolic sounds would be heard. _____

🔊 4. Pulmonic area. _____

🔊 5. Apex. Identify the sound following S_2. _____

🔊 6. Apex. Identify the midsystolic sounds. _____

🔊 7. Pulmonic area. Identify the early systolic sound. _____

🔊 8. Apex. Identify the sound preceding S_1. _____

🔊 9. Pulmonic area. This Great Dane has a normal ECG. _____

🔊 10. Pulmonic area. _____

1. 心尖部。 _____

2. 主动脉瓣区域，辨别收缩早期的声音。 _____

3. 心尖部，辨别舒张期的声音，若心率较慢，可以听到 2 个舒张期声音。 _____

4. 肺动脉瓣区域。 _____

5. 心尖部，辨别紧跟 S_2 之后的声音。 _____

6. 心尖部，辨别收缩中期的声音。 _____

7. 肺动脉瓣区域，辨别收缩早期的声音。 _____

8. 心尖部，辨别 S_1 之前的声音。 _____

9. 肺动脉瓣区域，这是一只大丹犬，ECG 检查正常。 _____

10. 肺动脉瓣区域。 _____

第 2 章　　心杂音

完成本章的学习后，你可以：

1. 列出正确评估心杂音的步骤。
2. 解释心杂音的等级。
3. 根据心杂音的频率（如 cps, Hz）、音形、时间点等特征，解释收缩期和舒张期的心杂音。
4. 描述主动脉狭窄时心杂音的特征。
5. 描述与室中隔缺损相关的听诊异常。
6. 鉴别生理性心杂音和病理性心杂音。
7. 识别二尖瓣反流时的听诊异常。
8. 解释房中隔缺损时收缩期心杂音的原因。
9. 解释呼吸对三尖瓣反流造成的心杂音的影响。
10. 识别动脉导管未闭时的心杂音。

章前测试 2

1. 高强度的心杂音有时候在胸壁上可以感受到震颤。这种情况下，如果听诊器不贴在胸壁上就听不到心杂音。这种心杂音是第几级？（ ）
   a. Ⅱ／Ⅵ。
   b. Ⅲ／Ⅵ。
   c. Ⅳ／Ⅵ。
   d. Ⅴ／Ⅵ。

2. 微小的膜周部室中隔缺损（perimembranous VSD）时，心杂音的最强点位于（ ）。
   a. 右侧胸骨缘。
   b. 左侧心尖部。
   c. 右侧心基部。
   d. 颈动脉。

3. 下面哪一项是递增 – 递减型心杂音？（ ）
   a. 二尖瓣反流。
   b. 主动脉瓣下狭窄。
   c. 主动脉瓣反流。
   d. 三尖瓣反流。

4. 以下关于生理性心杂音的描述中哪项是正确的？（ ）
   a. 左心基部听诊最佳。
   b. 强度通常较低（Ⅰ级或Ⅱ级）。
   c. 最常见于 1 岁以内的幼龄动物。
   d. 以上各项均正确。

5. 以下关于心杂音的描述中哪项是正确的？（ ）
   a. 缺损较小的房中隔引起的心杂音，多属于舒张期心杂音。
   b. 主动脉瓣反流引起的心杂音，属于舒张期心杂音，在左心基部最明显。
   c. 肺动脉瓣狭窄引起的心杂音，属于收缩期心杂音，通常在右侧胸壁听诊最佳。
   d. 反流血液量相同时，三尖瓣反流的心杂音强度比二尖瓣反流心杂音要强。

6. 主动脉瓣心内膜炎时常可见主动脉瓣下狭窄，若同时存在感染导致的瓣膜渗漏，此时可听诊到（ ）。
   a. 收缩期心杂音，右心尖部最明显。
   b. 收缩期心杂音，右心基部最明显。
   c. 往复型心杂音（"to and fro" murmur），左心基部最明显。
   d. 左心尖部的音乐性心杂音（musical murmur）。

7. 二尖瓣心内膜病疾病的早期，可听到以下哪种心音？（ ）
   a. 较弱的 S_3 奔马音。

b. 收缩期咔嗒音。

c. 收缩期心杂音，在左心尖部最明显。

d. b 和 c 均正确。

8. **以下关于三尖瓣反流的心杂音描述中正确的是（　）。**

a. 若同时存在强度较大的二尖瓣反流音，则很难判断在三尖瓣位置听到的反流音是由二尖瓣反流音辐射至右侧产生，或者是三尖瓣反流本身导致。

b. 存在肺动脉高压时，心杂音强度会增强。

c. 深吸气时心杂音强度会增强。

d. 以上各项均正确。

9. **室中隔缺损（VSD）时的心杂音，是由于存在从左心室到右心室的异常血流导致的，以下描述正确的是（　）。**

a. VSD 伴有系统性高血压时，心杂音强度会增强。

b. VSD 伴有肺动脉高压时，心杂音强度会减弱。

c. VSD 伴有红细胞增多症时（红细胞数量增加或 PCV 升高），心杂音强度会减弱。

d. 以上各项均正确。

10. **在猫（　）。**

a. 动力性流出道梗阻和二尖瓣反流造成的心杂音，在左侧胸骨缘听诊最佳。

b. 单纯性的 VSD 心杂音在右侧胸骨缘听诊最佳。

c. 心率超过 240 次 /min 情况下，评估瞬时心音和心杂音的难度加大。

d. 以上各项均正确。

缩写表

简写	英文全称	中文全称
A_2	aortic component of S_2	第二心音主动脉瓣部分
ASD	atrial septal defect	房中隔缺损
AV	atrioventricular	房室的
cps	cycles per second	周期/秒
Hz	Hertz (cycles per second, a synonym of cps above)	赫兹（与周期/秒同义）
ICS	intercostal space	肋间隙
P_2	pulmonic component of S_2	S_2 的肺动脉瓣部分
PDA	patent ductus arteriosus	动脉导管未闭
PMI	point of maximal intensity	最强听诊点
S_1	first heart sound	第一心音
S_2	second heart sound	第二心音
S_3	third heart sound	第三心音
S_4	fourth heart sound	第四心音
SAM	systolic anterior motion of the mitral valve	二尖瓣收缩期前向运动
T_1	second main component of S_1	S_1 的第二主要部分
VSD	ventricular septal defect	室中隔缺损

心杂音的评估

　　心杂音（heart murmurs）是一类持续时间较长的声音，通常由心脏或大血管中的血液发生湍流而产生。血液湍流的出现依赖于多种生理因素，包括血流速度、接受血流的心脏腔室或者血管的大小、血液黏滞度（正常情况下主要与红细胞比容有关）。这些变量与湍流形成的关系可用雷诺值（reynolds number）进行描述。血流流速增大及心脏腔室体积增大，发生湍流的可能性会提高，而血液黏度增加，发生湍流的可能性会降低。

　　心杂音常沿湍流血液的流动方向辐射（如主动脉狭窄产生的心杂音在左心基处，即位于主动脉瓣部位听诊最明显，但右心基处同样能较好地听到杂音，因为正常情况下，犬猫的主动脉弓会向上跨过右半胸到右前肢下方的右心基部）。除血流方向外，产生杂音部位的心血管结构也很重要，能影响杂音传导到胸壁的效率，即影响胸壁听诊位置。对心杂音的描述应包含其产生的解剖位置 [最强点（PMI）]、辐射范围、出现时间（在心动周期中何时出现）、强度（杂音大小）、音调（频率）和音质（心音图上记录杂音的音形）。

　　检查者可通过记录心杂音最强点出现在哪侧胸腔，同时再具体到心尖部、心基部或其他位置（如心尖水平的右胸骨边缘处），以描述心杂音的解剖位置。心杂音辐射到的位置也应进行记录（见下文"强度"讨论）。犬的心杂音常位于病变的瓣膜区域或湍流产生区域，但大多数猫的心杂音出现在胸骨或胸骨旁区域。

关键点：猫的心杂音常出现于胸骨附近。

时间（Timing）

杂音的产生与血液湍流有关，所以心杂音出现的时间是指其在心动周期中出现的时间点。按照时间点可将杂音分为收缩期（位于 S_1 与 S_2 之间；还可根据心杂音在收缩期出现的具体时间，加上"早期""中期""末期""全期"等前缀）、舒张期（位于 S_2 与 S_1 之间；前缀参照收缩期）、收缩 – 舒张期 [收缩期与舒张期之间的两个不连续的心杂音，杂音之间存在一小段无声时期，例如，主动脉狭窄和主动脉瓣反流时，出现的往复型心杂音（"to and fro" murmur）]、连续型 [收缩期与舒张期之间出现的不中断的单个心杂音，杂音之间不存在无声时期，在 S_2 时强度最大，最常见于动脉导管未闭（PDA）]。犬猫最常见的是收缩期心杂音，其原因多为房室瓣关闭不全（二尖瓣关闭不全或反流是最常见的原因）和半月瓣狭窄。犬很少见舒张期心杂音，临床上最常见的是与主动脉瓣心内膜炎相关的主动脉瓣关闭不全引起的舒张期杂音。而猫则罕见舒张期杂音。收缩期与舒张期均出现的心杂音较少见，常被称为往复型心杂音，最常见于主动脉狭窄伴发主动脉瓣关闭不全（常与心内膜炎或先天性心脏病有关）。连续型心杂音最常见于先天性 PDA，也偶见于其他疾病，包括动静脉瘘、冠状动脉-右心房动脉瘤破裂、左至右分流的主肺动脉窗。

关键点：大多数心杂音出现于心收缩期，并且往往是由房室瓣关闭不全或半月瓣狭窄所引起。

强度（Intensity）

心杂音的强度（或响度）可被半主观地分为 Ⅰ 到 Ⅵ 级。虽然该分级系统并未得到广泛接受，但心杂音分级有利于临床医生之间对杂音强度进行交流。下面为各分级的方法。

（1）Ⅰ / Ⅵ级：代表只有在安静的环境下，集中注意力，听诊一段时间才能听到的弱心杂音，且仅在胸壁上杂音产生部位能听到。

（2）Ⅱ / Ⅵ级：代表只要将听诊器置于杂音最强点处（PMI）即可听到的心杂音。这类心杂音并不能广泛辐射到 PMI 外。

（3）Ⅲ / Ⅵ级：代表强度更大，并且在距 PMI 一定距离处也能听到的心杂音（但在对侧胸壁通常听不到）。

（4）Ⅳ／Ⅵ级：代表不仅强度大，并且辐射范围广的心杂音（常在对侧胸壁也能听到），但此类心杂音并不产生可感的心前区震颤。

（5）Ⅴ／Ⅵ级：代表强度很大的心杂音，能产生明显的心前区震颤，这些震颤可以提示 PMI。

（6）Ⅵ／Ⅵ级：代表强度极大的心杂音，不但能产生明显的心前区震颤，而且可以不用听诊器就能被人耳听到，或者当听诊器没有贴合胸壁时就可以听到。

音调（Pitch）

音调是听诊者对心杂音频率的描述。因为大多数人的耳朵并不能准确地反映出声音的音调（能准确感知声音频率的人称为具有完美音调的人，但是这种人非常少），所以对心杂音音调的描述仅仅为"高调"（> 300 Hz），"中调"（100 ~ 300 Hz）或"低调"（< 100 Hz）。有时，心杂音被描述为有"音乐"感 [这类心杂音只有一个音调，通常听起来像"嗡嗡（buzz）"声，而不是像其他混杂多种频率的心杂音那样表现为刺耳的"shhhhhh"声]，低频的心杂音听起来则类似"隆隆（rumbles）"声。

音质（Quality）

心杂音的质量或形状最常被描述为喷射样（递增 - 递减型或菱形）、反流样（也被称为平台型或矩形）、吹风样（递减型）或机械样（与连续型同义；机械样心杂音常在 S_2 附近出现响度峰值）（图 2-1）。

图 2-1　常见心杂音的形状类型。A. 反流样（平台型）；B. 喷射样（递增 - 递减型）；C. 吹风样（递减型），🔊 见网络音频 20 ~ 22。

理解心杂音的时间点及位置可使临床医生快速列出相应的鉴别诊断（图 2-2），若再加以考虑动物的信息（种类、年龄、品种、性别）及心杂音的强度，可进一步缩小鉴别诊断范围，这对鉴别先天性心脏病特别有用

（表 2-1）。成年小型犬出现收缩期心杂音主要是由于慢性二尖瓣疾病，或二尖瓣和三尖瓣疾病（心内膜病）发展引起。而大型犬或巨型犬出现获得性、较柔和的收缩期心杂音，更多见于扩张型心肌病。猫出现获得性心杂音的原因，会随着猫的年龄不同而不同，肥厚型心肌病最常见于幼年猫和中年猫，而对于老年猫，系统性高血压、甲状腺功能亢进和瓣膜性疾病则更为常见。

表 2-1　心脏病的品种倾向性

疾病	疾病英文名称	品种
主动脉狭窄	aortic stenosis	拳狮犬、德国牧羊犬、金毛寻回犬、纽芬兰犬、罗威纳犬
房中隔缺损	atrial septal defect	萨摩耶犬、标准贵宾犬
二尖瓣发育不良	mitral valve dysplasia	吉娃娃犬、英国斗牛犬、大丹犬、纽芬兰犬
动脉导管未闭	patent ductus arteriosus	柯利牧羊犬、德国牧羊犬、爱尔兰长毛猎犬、博美犬、贵宾犬、喜乐蒂牧羊犬、柯基犬
肺动脉狭窄	pulmonic stenosis	比格犬、吉娃娃犬、英国斗牛犬、雪纳瑞犬、㹴犬
法洛四联症	tetralogy of Fallot	荷兰毛狮犬、英国斗牛犬
三尖瓣发育不良	tricuspid valve dysplasia	拉布拉多犬、威玛犬
室中隔缺损	ventricular septal defect	英国史宾格犬
退行性房室瓣膜疾病	degenerative atrioventricular valve disease	小型犬、查尔王小猎犬、腊肠犬
扩张型心肌病	dilated cardiomyopathy	大型犬和巨型犬、杜宾犬、拳狮犬、葡萄牙水猎犬
肥厚型心肌病	hypertrophic cardiomyopathy	缅因猫、布偶猫、斯芬克斯猫、英国短毛猫、波斯猫

血液湍流引起的心杂音主要有两种因素影响：①高速血流。如心脏每搏泵出比正常情况更多的血量，流经正常的瓣膜口时，血液流速会加快；心脏每搏泵出正常的血量，但瓣膜口变窄时，血流速度会加快；②血液流速正常，但黏滞度降低（通常由贫血引起）。当心脏内的血液从压力大的一侧腔室流向压力小的一侧时，会导致容量负荷的增加，此时即使瓣膜结构正常，血流速度也足以高到产生湍流。如房中隔缺损（ASD）时，左右心房的压力差较小，从左心房到右心房的血流速度低，因此，尽管可能有大量血液从左心房分流到右心房，但并不能形成湍流。房中隔缺损时，更多的

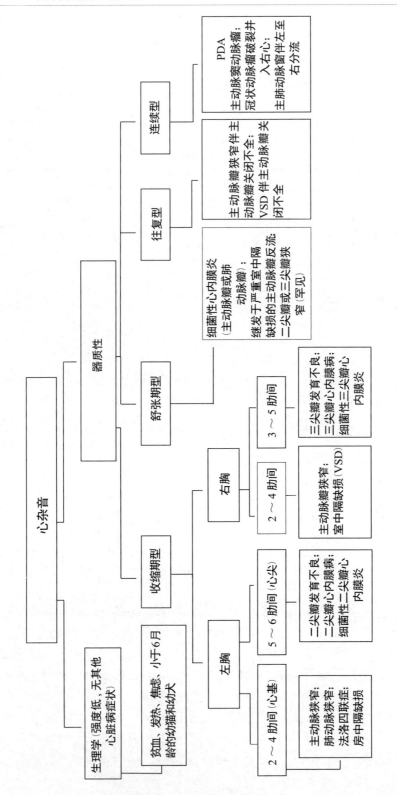

图 2-2 基于心杂音出现时间及位置所列出的鉴别诊断表。（改自 Allen DG: Murmurs and abnormal heart sounds. In Allen DG, Kruth SA, editors: Small animal cardiopulmonary medicine, Philadelphia, 1988, BC Decker.）

血液流过正常的肺动脉瓣口，而肺动脉瓣的直径通常比房中隔缺损孔或三尖瓣口小很多，进而导致湍流的发生，产生杂音。当心输出量升高时，如运动、兴奋、发热、甲状腺功能亢进，也可能导致血流通过正常瓣膜开口时产生可听到的湍流。这种类型的心杂音强度相对较低（较柔和）。此外，正常猫有时会出现相对缓和的动力性右心室血液流出道受阻，右心室流出道动力性收缩使其直径变窄，从而使血流加速到足以产生湍流，产生心杂音。正常量的血流通过狭窄的瓣膜开口时，也能导致血液流速上升到可以产生湍流的水平。这种类型的心杂音强度一般比较大，而且在心输出量及血液黏滞度正常的情况下，心杂音的强度往往与瓣膜开口的狭窄程度（决定血流流速）有直接关系。若存在瓣膜功能不全，或者两个具有高压力差的心脏腔室间异常连通 [如室中隔缺损（VSD）或动脉导管未闭（PDA）]，分流的血液流速也可以高至湍流的产生，进而产生心杂音。以上提及的这些因素，在不同的组合下共同决定最终心杂音的时间点、持续时间、音形、音调及强度。

收缩期心杂音

收缩期心杂音是左右心室收缩时出现在 S_1 与 S_2 之间的杂音。收缩期心杂音可被划分为如下两种：

(1) 喷射样心杂音。

(2) 反流样心杂音。

收缩期喷射样心杂音

收缩期喷射样心杂音（systolic ejection murmurs）紧跟于 S_1 之后出现（不与 S_1 重叠），在收缩期的早期、中期，甚至晚期出现强度峰值，随后强度降低，并终止于 S_2 之前（因此，收缩期喷射样心杂音出现的情况下也能被听到 S_2）。主动脉或者肺动脉内的血液在收缩期的射血阶段发生湍流，从而产生心杂音，这种类型的心杂音为递增 – 递减型或菱形。声音的形状可反映血液流入大血管的流速状况及泵出血液的压力差。引起收缩期喷射样心杂音的病因见框 2-1。

当血液流出道狭窄较严重时（见框 2-1 的前两类：左右心室流出道梗阻），可以听到强度较大（Ⅲ ~ Ⅵ级）、比较刺耳的收缩期心杂音。此类心杂音，最好使用膜式听头进行听诊，因为膜式听头能最大限度地凸显 S_1 的主音、S_2 的主音、收缩期渐强 – 渐弱型心杂音中的中频音（混杂一些高频音）。

框 2-1　引起收缩期喷射样心杂音的原因	
左室流出道梗阻 　　分散性主动脉瓣下狭窄 　　主动脉瓣狭窄 　　肥厚型心肌病和其他能引起左心室肥 　　厚的因素 　　二尖瓣收缩期前向运动	**高心输出状态或运动过度** 　　先天性左到右分流（如房中隔缺损） 　　贫血 　　甲状腺毒症排血
右室流出道梗阻 　　肺动脉瓣狭窄 　　漏斗形肺动脉狭窄／肺动脉瓣发育不良 　　法洛四联症 　　猫动力性右室流出道梗阻	**功能性（或良性）收缩期心杂音** **其他原因** 　　半月瓣远端的主动脉或肺动脉扩张

　　血液流出道梗阻不严重或者没有梗阻情况下产生的心杂音（见框 2-1 中的后 3 种情况），其持续时间特别短，强度较小（Ⅰ~Ⅱ级），并且一般或仅在收缩期的前 1/3 ~ 1/2 阶段被听到。这些心杂音主要由中频音构成（混杂部分低频音），有时钟式听头听诊效果较好。部分幼年动物（通常小于 1 岁），虽然未见明显异常但仍能听到心杂音，此时是认为幼年动物具有相对较高的心输出量，而主动脉或肺动脉的管径又相对较小。这种类型的心杂音被称为生理性或 Still's 心杂音。实际上这类心杂音可能与心室节制束或能够影响心室血液流出的心室结构有关。此类心杂音有时会有音乐感，这一点在其他喷射性杂音中并不常见，并且这种音乐感可能随动物体位的改变而出现强度及持续时间的变化。以下会介绍几种特征性的收缩期喷射音。

　　关键点：猫的生理性心杂音较常见，占所有心杂音的 20% ~ 25%。

　　主动脉瓣狭窄（valvular aortic stenosis）引起明显的血流动力学变化时，提示主动脉瓣开口已经窄到小于正常面积的 50%。这是一种犬猫罕见的先天性缺陷，此处不做进一步讨论。

　　主动脉瓣下狭窄（subaortic stenosis, 或 subvalvular aortic stenosis）可引起收缩期杂音，是因为血液经左心室流出道梗阻部位（即主动脉瓣下）流过，血流速度很快，导致心杂音的产生（🔊 见网络音频 23）。这是犬主动脉狭窄中最常见的类型，在大部分地区超过 90% 的病例属于此种类型，与基因相关。但拳狮犬的喷射杂音来源于"小主动脉"，这是一个例外。此种心杂音通常在主动脉瓣区域听诊最明显，并且常能辐射到右胸（在第 2 或第 3 肋间）。该心杂音可能向上辐射到颈动脉区域，少数情况下可到颅骨。这种心杂音比较刺耳或粗糙，属于中至高频音，并且持续时间相对较长。和主动脉狭窄类似，梗阻的情况越严重，心杂音强度越大。与人的主动脉瓣狭窄不同，犬主动脉瓣下狭窄引起的左心室流出道梗阻可能还需要考虑一个因素，即瓣膜下肌肉对流出道的挤压。对于这种动物而言，每次检查时，心杂音的强度和持续时间可能会有明显的差异，而这取决于动物的血流动力学状态。

关键点：主动脉狭窄引起的心杂音在强度上可能存在显著差异，可能在刚出生几个月内的幼畜中听不到相关杂音。

明显主动脉瓣下狭窄病例的听诊有如下提示：

(1) 刺耳、中频、高强度（Ⅲ级或更高）、持续时间长的收缩期喷射样心杂音，表现为递增 – 递减型（图 2-3）。
(2) 杂音在主动脉区域强度最大，可辐射到右胸入口区域（左、右心基处的强度可能相似）；也可能辐射到颈动脉区域，少数情况下能到达颅盖。
(3) S₁ 强度通常不变。
(4) 主动脉喷射音比较少见（图 2-4）。
(5) 每次检查听到的心杂音强度和持续时间可能不同（特别存是在不稳定阻塞时）。
(6) 刚出生时可能听不到心杂音，出生后 1 年内可能逐渐变明显。

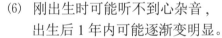

图 2-3　主动脉瓣下狭窄引起的递增 – 递减型收缩期心杂音（SM），🔊见网络音频 24。

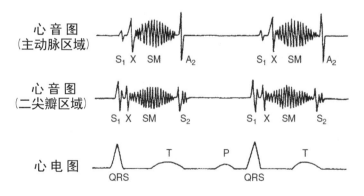

图 2-4　先天性主动脉狭窄喷射音（X）。注意：主动脉处的喷射音比二尖瓣的强度大。SM：收缩期心杂音。（摘自 *Tilkian AG, Conover MB: Understanding heart sounds and murmurs, ed 4, Philadelphia, 2001, Saunders.*）

类似主动脉瓣狭窄的听诊结果，也会出现于肥厚型心肌病的患猫，收缩期二尖瓣前向运动（systolic anterior motion of the mitral valve, SAM）可引起主动脉流出道梗阻，从而产生心杂音。这类心杂音在胸骨左侧边缘或胸骨上方听诊最大声，其强度还会受到心率的影响（如心率快时，强度较大）（图 2-5）。需要强调的是，并不是所

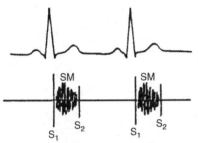

图 2-5　肥厚型心肌病猫的收缩期喷射杂音（SM），🔊见网络音频 25。

有肥厚型心肌病的猫都会出现主动脉流出道梗阻。肥厚型心肌病的患猫，也可能在二尖瓣区域出现反流杂音，这是由 SAM、乳头肌发育不良或者因向心性肥厚引起的二尖瓣环功能不良引起的。

严重肺动脉瓣狭窄（valvular pulmonic stenosis）引起的收缩期心杂音（室中隔完好）与主动脉瓣狭窄相似（刺耳或粗糙、中频、递增 – 递减型，🔊见网络音频 26）。杂音的强度和持续时间同样也与狭窄程度直接密切相关。此类杂音最响处通常在肺动脉区域，与主动脉瓣下狭窄不同，该杂音在左胸更明显，虽然病患可同时在右胸听到明显的收缩期反流样杂音，常与三尖瓣关闭不全相关，但这是严重肺动脉狭窄中常见的并发问题。即使狭窄的程度较轻微，也经常会出现 S_2 异常分裂（A_2–P_2 间隔增加的持续分裂），但这种分裂需借助心音图才能更好地察觉到。因为 P_2 强度减弱及杂音的干扰，分裂音的听诊会比较困难。

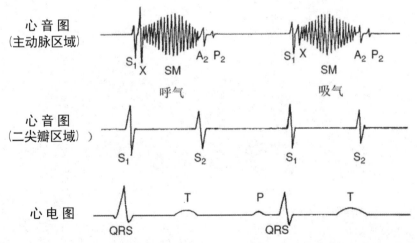

图 2-6　肺动脉狭窄时的喷射音（X）。注意：①该声音在二尖瓣区域听不到，并且它在动物吸气时强度明显下降。②肺动脉狭窄时，P_2 的强度也降低。SM: 收缩期心杂音。（摘自 *Tilkian AG, Conover MB: Understanding heart sounds and murmurs, ed 4, Philadelphia, 2001, Saunders.*）

关键点：不要忽略肺动脉狭窄或 PDA 引起的心杂音，因为这些缺陷是可以治疗的。

严重肺动脉瓣狭窄病例的听诊有如下提示：

(1) 尖锐、中到高频音、强度较大（Ⅲ级或更高）、持续时间长的收缩期喷射样心杂音（图 2-6）。

(2) 收缩期杂音在肺动脉处（左心基部）最明显，并且辐射范围广。

(3) S_1 相对正常。

(4) 当融合的瓣膜小叶开张到极限的时候，可能出现一个"啪啪（snap）声"。这种高强度的声音可能被误认为是收缩早期咔嗒音、高强度的 S_1 或者分裂的 S_1。

(5) 异常的 S_2 宽型分裂（通常难辨认）。

(6) 狭窄严重时，P_2 可能消失于响亮的心杂音中，但 S_2 依然能听到。

法洛四联症（tetralogy of Fallot）相关的心杂音多变且复杂，这是因为此时心脏存在不同程度的多重缺陷。杂音包含与 VSD 相关的胸骨右侧缘杂音、与肺动脉狭窄相关的左心基处杂音，其中肺动脉喷射杂音往往最明显。该杂音的本质及强度反映了主动脉骑跨的严重程度，以及继发的肺动脉狭窄或发育不良，同时也反映了继发性右到左分流的程度。轻度肺动脉阻塞伴发轻度主动脉异位，可能导致右心室压小于全身血压，不会出现发绀和红细胞增多症，但在右侧胸骨缘区域可听到明显的全收缩期心杂音。严重情况下的主动脉骑跨（aortic override）、肺动脉狭窄或发育不良，可能会引起右心室压大于全身血压，导致血液经 VSD 发生右到左分流，继而引起发绀和红细胞增多症。出现这一系列解剖异常的犬猫，在左心基处，较容易听到相对柔和的收缩期喷射心杂音（与阻塞程度有关）。

如前文提到的，房中隔缺损（atrial septal defect, ASD）所引起的收缩期心杂音特点和剧烈运动状态或者高速流通状态下的收缩期心杂音相似。该杂音为递增-递减型，通常为中等频率，持续时间短，在 S_2 出现之前就消失；通常在肺动脉区域最明显。ASD 杂音并不是血流通过缺损孔产生的，而是由于流经肺动脉瓣的血流量异常增多引起的，随后出现肺动脉扩张。当缺损孔较小（卵圆孔未闭）时，则不会出现心杂音。

严重房中隔缺损时的听诊有如下提示：

(1) 中等频率，短暂的收缩期杂音，钻石形心音图，通常较柔和（Ⅰ到Ⅱ级），偶尔达到Ⅲ级，在左心基部听诊最佳（图 2-7）。

(2) 右心房和右心室容量负荷增加时，会导致右心前区搏动增强。

(3) 三尖瓣区域常出现 S_1 增强，主要由 T_1 增强引起。

(4) 出现 S_2 异常的宽型分裂，伴有呼吸过程中的"固定分裂"（即呼吸过程中，分裂没有变化），由于动物的呼吸不易控制，故而很难发现这种异常。

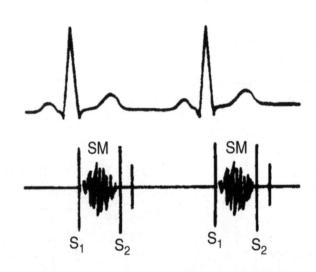

图 2-7　房中隔缺损，收缩期喷射杂音（SM）后出现 S_2 固定分裂，🔊见网络音频 27。

近年来，动力性右心室梗阻（dynamic right ventricular obstruction）被认为是引起猫右心室流出道梗阻造成的收缩期心杂音的病因。这类杂音出现在胸骨旁，常见于 4 岁以上的成年猫。通常这类杂音与心脏的高输出状态（如炎性疾病、甲状腺功能亢进、贫血），以及慢性肾衰（伴有或不伴有系统性高血压）有关。小于 4 岁的猫出现此类心杂音常常伴发心脏疾病。猫也常发生动力性左室流出道梗阻（dynamic left ventricular obstruction），通常由收缩期二尖瓣前向运动引起，这方面的内容在主动脉狭窄部分有提及。动力性主动脉瓣下狭窄也可见于血容量下降和左心室肥厚。

关键点：猫的收缩期心杂音常与动力性右心室或左心室流出道梗阻有关。

单纯贫血引起的心杂音（murmurs associated purely with anemia）一般不容易被察觉，除非血红蛋白浓度已低于 6 mg/dL，此时，红细胞比容通常低于 18 %。血液黏度降低和湍流的产生能够引起心杂音（血液黏滞度受到多种因素的影响，所以红细胞比容低于 18 % 只是一个大概的标准）。与贫血相关的心杂音强度一般较柔和(Ⅲ级或更低)，并且出现于收缩早期到中期。该杂音通常在左心基部听诊最明显。值得注意的是，贫血严重时，除了可引起心杂音外，还能增加由其他潜在心脏缺陷引起的不可听到或较弱杂音的强度。

良性收缩期心杂音(innocent systolic murmurs)也被称为功能性、生理性或 Still's 杂音(如前文提到的，这些杂音与心脏器质病变无关)。这些收缩期喷射杂音可见于任何年龄段的动物，但主要见于小于 1 岁的幼龄犬猫。血液流经正常的左心室 / 右心室流出道时，在主动脉干或肺动脉内发生湍流，进而产生心杂音。

良性收缩期心杂音的听诊有如下提示：

(1) 通常较柔和(Ⅰ到Ⅱ级)，持续时间短，见于收缩早期(图 2-8)。

(2) S_1 与 S_2 正常。

(3) 无其他异常心音(如喷射音，S_3 或 S_4)，无舒张期心杂音。

(4) 可能具有音乐感。

(5) 依听诊时体位的不同，其强度可能发生变化，甚至消失。

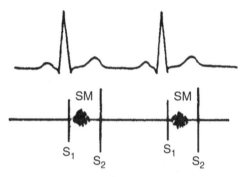

图 2-8　一只无症状幼犬的良性低强度收缩期喷射杂音(SM)，🔊见网络音频 28。

全收缩期或反流样心杂音

全收缩期心杂音(holosystolic murmurs)特征性的表现为：①持续时间比收缩期喷射音长，杂音与 S_1 一同出现，并与 S_2 一同结束，或者说实际上是重叠并覆盖了 S_2；②心音图为平台型或矩形，并以相对均一的响度贯穿整个收缩期；③与喷射样杂音相比，频率明显较高，刺耳声或粗糙声较少。

听诊特征性的全收缩期心杂音最好使用膜式听头。实际上，房室瓣反流引起的心杂音可能并不都是全收缩期性的，因为具有缺陷的瓣膜，在解剖学及病理生理学的特征不同，所产生杂音的形状、持续时间和频率也可能不同。全收缩期心杂音的原因将列在下文。通常，反流性质的心杂音见于在全收缩期都具有显著压力差的心腔室，心脏收缩时，两个腔室发生异常连通(如 VSD 时，会有高速血流由高压的左心室流向低压的右心室)。这种情况下，缺损孔的大小对心杂音的强度并不一定相关，因为仅一个小孔也可能引发严重的血液湍流。

全收缩期心杂音的产生原因包括：二尖瓣反流、三尖瓣反流和室中隔缺损（VSD）。

关键点：心脏疾病的严重程度不一定与心脏杂音的强度有关。

二尖瓣反流

收缩期二尖瓣的闭合是由与瓣膜相关的多种结构，通过复杂的相互作用共同完成的，其中涉及的结构包括：二尖瓣瓣环、二尖瓣小叶、腱索及乳头肌。这些结构中的任何一个部件机能失常都能引起血液在心室收缩期由高压的左心室反流到低压的左心房。在收缩期，心室和心房之间的压力相差恒定且很大，此时反流的血液流速很快，容易产生湍流。这种湍流产生的是平台型的心杂音，这从另一个角度也反映了心房与心室之间恒定的压力差。二尖瓣反流（mitral regurgitation，🔊见网络音频29）最常见的原因是二尖瓣黏液瘤样退化（进一步可能发展为腱索断裂）、系统性高血压及心肌病。

二尖瓣黏液瘤样退化（myxomatous degeneration of the mitral valve）通常可以在整个收缩期内都听到二尖瓣反流样心杂音（🔊见网络音频30）。若存在二尖瓣脱垂（即二尖瓣运动幅度超出了正常关闭时的位置，因此有部分瓣膜向心房脱出），可能会听到单个或多个收缩期或非射血性咔嗒音。这些咔嗒音可能出现在心杂音之前，提示将来可能出现反流。慢性瓣膜性疾病导致的二尖瓣反流，早期阶段的反流样心杂音可能并不会持续整个收缩期。随着疾病的发展，二尖瓣小叶进一步恶化或者加上腱索的断裂，此时的心杂音才逐渐变为全收缩性心杂音。心杂音的突然增强可能提示其他异常的出现或者加重，如系统性高血压、腱索断裂。对于犬而言，杂音的强度已被证实与疾病的严重程度及预后有关（如杂音越强，则瓣膜病变越严重，动物存活时间越短）。目前，大于5岁的小型犬和中型犬出现反流样心杂音（或任何心杂音）时，慢性瓣膜疾病（心内膜病）是最常见的病因，偶尔也可见于老年猫（猫二尖瓣关闭不全更多见于系统性高血压或肥厚型心肌病）。

关键点：老年犬最常见的心杂音多与二尖瓣疾病有关。

关键点：二尖瓣关闭不全的老年犬，出现系统性高血压后，心杂音的强度会显著增加，所以当心杂音强度突然增加时，一定要尽快监测动物的血压状况。

严重二尖瓣退行性疾病的听诊有如下提示：

(1) 明显的全收缩期心杂音（Ⅲ级或更高）（图 2-9）。

(2) 左心尖处杂音最明显，杂音辐射范围较广，与血液反流的方向、心脏和胸壁之间的距离等多种因素相关。

(3) 若即将发生心衰或已存在心衰，可能听到 S_3 或 S_4。

(4) 心杂音的强度可能会覆盖掉收缩中期单个或多个咔嗒音。

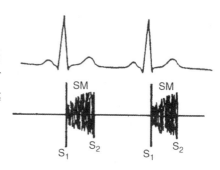

图 2-9　二尖瓣黏液瘤样退化伴发二尖瓣重度脱垂时的全收缩期心杂音（SM）。

腱索断裂（ruptured chordae tendineae）可见于慢性退行性心瓣膜疾病（心内膜病）、严重系统性高血压，少数情况下见于细菌性心内膜炎或钝性胸部创伤。根据断裂的数目及程度（分为一级、二级或三级断裂），通常腱索断裂可能会突然出现心杂音或者杂音加剧，这种心杂音一般比较刺耳，强度较大（Ⅲ级或者更高），PMI 位于左心尖部，通常还伴有明显的充血性心力衰竭的症状，并且对激进的治疗反应不佳。此时可能出现 S_3（更常见）或 S_4（若存在规律性的窦性心律）。

腱索断裂时出现的心杂音特征如下：

(1) 突然出现全收缩期心杂音，或突然加剧，杂音刺耳、响亮（Ⅲ级或更高），通常会覆盖 S_1 至 S_2 阶段（图 2-10）。

(2) 左心尖处听诊最明显，腱索断裂的情况会影响心杂音的辐射范围。

(3) 可能出现 S_3 或 S_4（若存在规律性的窦性心律）。

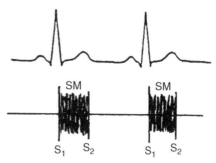

图 2-10　腱索断裂时的全收缩期心杂音（SM）。

扩张型心肌病（dilated cardiomyopathy）引起的收缩期反流样心杂音，可由二尖瓣瓣环扩张或乳头肌机能降低导致。在二尖瓣小叶相对正常的情况下，这两种病变均可导致二尖瓣关闭不全。该类心杂音通常出现于收缩早期，心音图呈现平台型，偶尔为递减型，PMI 位于左心尖处，其强度通常小于二尖瓣黏液瘤样退化所产生的心杂音。猫扩张型心肌病或肥厚型心肌病均能引起二尖瓣正常的解剖结构发生变化，进而产生反流样心杂音。

继发于扩张型心肌病的二尖瓣关闭不全性心杂音的听诊有如下提示：

(1) 收缩期反流样心杂音，听诊最强点在左侧第 5～6 肋间。

(2) 杂音强度相对较弱（Ⅰ～Ⅲ／Ⅳ级）。

(3) 心音强度通常会降低。

(4) 有时会出现 S_3（更常见）或 S_4（窦性心律时可听到）。

(5) 常出现心律失常，尤其是房颤，影响心音和心杂音强度。

关键点：通常由右心异常引起的心杂音在动物吸气时更明显，而左心异常引起的心杂音则在呼气时更明显。

三尖瓣反流

重度三尖瓣反流（tricuspid regurgitation）所产生的心杂音是典型的全收缩期心杂音，并且在发生时间及音质上与二尖瓣反流心杂音相似。该杂音在三尖瓣区域听诊最佳。杂音强度及持续时间可能与反流的严重程度有关，但一般在异常程度相当的情况下，三尖瓣关闭不全引起的心杂音强度要弱于二尖瓣（通常，三尖瓣处反流的压力低于二尖瓣处反流压力的 1/3）。三尖瓣关闭不全常与三尖瓣黏液瘤样退化有关；二尖瓣心内膜病或慢性瓣膜疾病的犬，有近 30% 会并发三尖瓣黏液瘤样退化。重度二尖瓣反流所产生的心杂音可辐射到三尖瓣区域，所以仅凭听诊很难与二尖瓣伴发三尖瓣关闭不全区分开。其他一些获得性疾病也可导致三尖瓣关闭不全，如继发于呼吸系统疾病或心丝虫病的肺动脉高压。先天性疾病则包括：三尖瓣发育不良（常见于拉布拉多犬），严重肺动脉狭窄或任何原因引起的肺动脉高压也可造成三尖瓣关闭不全。

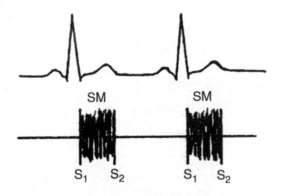

图 2-11　三尖瓣反流引起的全收缩期心杂音。

关键点：在异常情况相当的情况下，三尖瓣关闭不全的心杂音强度要弱于二尖瓣关闭不全。

三尖瓣反流性心杂音的听诊有如下提示：

(1)　全收缩期心杂音（图 2-11）。

(2)　在三尖瓣位置最明显（右心尖）。

(3)　通常不会出现 S_3 和 S_4（心衰时，可能在右侧出现 S_3）。

(4)　收缩期心杂音可随动物的呼吸运动而发生强度的改变，在吸气时变强。

(5)　若肺动脉高压或心丝虫病引起的瓣膜关闭不全，则可能听到 S_2 的持续分裂。

室中隔缺损

　　室中隔缺损（ventricular septal defect, VSD，🔊见网络音频 31）所出现的听诊异常由室中隔缺口的位置、大小及肺部血管阻力共同决定，这些因素决定了收缩期由相对高压的左心室经过缺损口流向相对低压的右心室的血液流量、方向及流速。在收缩期阶段，左右心室之间存在巨大且相对恒定的压力差，所以 VSD 所产生的心杂音通常为平台型或反流型。对于轻中度大小的缺损孔而言，肺部血管阻力略微升高时（肺动脉收缩压 ≤ 50 mmHg），就会出现强度较大（Ⅲ～Ⅴ级）的全收缩期心杂音，该心杂音通常为平台型、中高频率，听起来比较刺耳。若还伴有肺动脉高压，则可能只在收缩早期听到心杂音。通常在胸骨右侧缘听诊最明显，但也存在较大的个体差异。

　　中等大小的缺损孔，伴有中度至重度的左至右分流的先天性 VSD 的听诊有如下提示：

(1)　尖锐而响亮的全收缩期心杂音（Ⅲ～Ⅴ级），平台型（图 2-12）。

(2)　心杂音最强点在胸骨右侧缘。

(3)　S_1 多正常。

(4)　S_2 可能正常，也可能随呼吸运动而出现分裂。

(5)　舒张中期低频心杂音（由通过二尖瓣的高速血流引起）常在 VSD 病人中出现，但犬猫不常见。

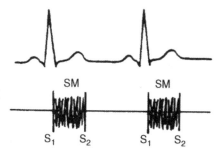

图 2-12　先天性室中隔缺损引起的全收缩期心杂音，🔊见网络音频 32。

(6)　肺动脉相对狭窄和肺动脉血流量增大时，在肺动脉区域，偶尔可以听到柔和的（Ⅰ～Ⅱ级）收缩期喷射心杂音。

舒张期心杂音

舒张期心杂音(diastolic murmurs)出现于心室舒张期，S_2 与 S_1 之间。听诊发现舒张期心杂音往往提示存在严重的潜在疾病。舒张期心杂音主要通过如下两种机制产生：

(1) 不全的主动脉瓣或肺动脉瓣处发生反流。

(2) 血液从心房经狭窄的二尖瓣或三尖瓣进入心室。

主动脉反流(aortic regurgitation)是犬猫舒张期心杂音最常见的原因，产生的心杂音与 A_2 一起出现或紧接 A_2 之后，频率较高，心音图为递减型(吹风样)(图 2-13)。建议使用膜式听头听诊，主动脉反流的心杂音较弱，所以让动物卧在听诊器的上方，将膜式听头置于左侧腋窝处，这样听诊最佳。犬猫可察觉的主动脉反流心杂音最常见原因是细菌性心内膜炎。严重的系统性高血压(特别是与主动脉干扩张有关的)也可能引起犬猫主动脉关闭不全。使用彩色多普勒血流的研究表明，部分主动脉反流常伴随有主动脉下狭窄，但这种程度的血流很少能产生人耳可感知的心杂音。主动脉瓣反流所产生的心杂音通常在左心基部的主动脉瓣区域听诊最佳。

关键点：舒张期心杂音较少见，最常见病因是犬主动脉瓣的细菌性心内膜炎。

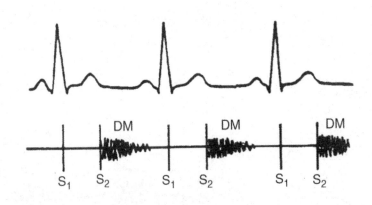

图 2-13   主动脉瓣增殖性心内膜炎患犬的舒张期心杂音，🔊 见网络音频33。

主动脉反流性心杂音的强度与心超多普勒血流检查所显示的反流程度之间常出现不一致。重度主动脉反流可能仅产生相对轻柔的短暂心杂音，中度反流的心杂音可能仅在动物卧于听诊器上方才能被听到。而响亮的主动脉反流性心杂音多提示明显的血流动力学异常。当主动脉瓣反流伴发主动脉狭窄时，会同时出现主动脉狭窄造成的收缩期喷射音与主动脉反流造成的舒张期杂音，构成"往复型心杂音"（"to and fro" murmur），此时难以分辨出 S_2（图 2-14）。虽然这种心杂音与连续型心杂音不同，但二者可能会发生混淆。主动脉反流有时会与发生在主动脉干下方的 VSDs 并发，此时可听到复合型心杂音（收缩期反流音与舒张期反流音），虽然两种杂音之间会出现停顿，类似主动脉狭窄和反流共存时的心杂音，但也可能与连续型心杂音相混淆。

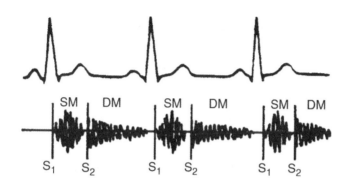

图 2-14　主动脉狭窄伴发主动脉反流时的往复型心杂音，🔊 见网络音频 34。

轻到中度主动脉反流性心杂音的听诊有如下提示：

(1) 高频、递减型舒张期杂音，与 A_2 同时出现或紧接 A_2 出现，强度 Ⅰ～Ⅲ级。

(2) 舒张期心杂音在主动脉瓣位置最明显。

(3) 伴发中度主动脉反流时，S_1 减弱。

(4) S_2 可能出现窄型分裂（伴发重度主动脉反流时，S_2 可能出现反常分裂）。S_2 可能增强（伴发重度主动脉反流，或瓣膜钙化引起的主动脉狭窄时，A_2 减弱，通常消失）。

(5) 可能出现主动脉喷射音。

(6) 在左胸可能听到 S_3。

　　肺动脉反流（pulmonic regurgitation）引起的舒张期心杂音，其频率、出现时间通常与主动脉反流性心杂音相似，但更加少见。一般只有在严重的肺动脉高压时，才会出现该心杂音，并伴有 P_2 增强。在肺动脉瓣区域(左心基)听诊最明显。

　　二尖瓣狭窄(mitral stenosis)对犬来说是一种很罕见的先天性疾病，而猫更少见。二尖瓣狭窄时的心杂音属于低频音，类似"隆隆"声。因此，即使使用适当的压力，将钟式听头轻贴于左心尖区域进行听诊，也很难听到该杂音。与紧跟 S_2 后出现的舒张期主动脉反流性心杂音不同，二尖瓣狭窄性心杂音在 S_2 之后间隔一段时间才出现。

　　三尖瓣狭窄(tricuspid stenosis)是另一种罕见的先天性疾病，产生的心杂音在三尖瓣区域听诊最明显(右心尖处)。该心杂音与二尖瓣狭窄性心杂音相似，但强度更弱，持续时间更短，吸气时强度可能增强。

连续型心杂音

　　连续型心杂音(continuous murmurs)是一些持续时间长的心杂音，出现在整个收缩期，延续到 S_2 之后，并贯穿整个舒张期(🔊见网络音频35)。连续型心杂音通常由异常的大血管连接动脉与静脉而产生的异常血流所引起(如PDA和其他动静脉异常连接)。罕见情况下，主动脉或肺动脉重度狭窄(发生在主动脉瓣或肺动脉半月瓣远端)也可以引起连续型心杂音。这种情况下，血流从狭窄近端的血管(压力持续整个收缩期和舒张期)，流向狭窄远端的低压血管，从而产生杂音。

　　动脉导管未闭(patent ductus arteriosus, PDA)是造成病理性或器质性连续型心杂音最常见的先天性疾病，也是犬最常见的先天性疾病(虽然在猫较少见，但仍是造成猫出现连续型心杂音最常见的病因)。简要地讲，PDA引起的连续型心杂音与 S_1 一同出现，在 S_2 出现的同时或稍早于 S_2 达到最大强度。S_2 之后，该杂音的强度会逐渐降低(杂音的递减部分)，直到下一个 S_1 出现。PDA心杂音的特点是强度较大(可达Ⅵ级)，中频，在左心基部最明显(图2-15)。虽然该杂音的收缩期部分可能辐射广泛，但其舒张期部分的分布却相对区域化。该杂音总体上给人的印象就如同将一个大海螺放在耳边，然后让海螺靠近耳朵，随后再让其远离耳朵；这时所产生的听觉效果模拟了杂音在收缩晚期达到的强度峰值及舒张期的衰减过程。有时杂音的舒张期部分可能逐渐变小，至舒张末期消失，但其绝不会突然中断——给人的听觉感受是一种逐渐衰弱的绵长杂音，而不会突然中断并完全安静。该杂音也常常被称为"机械型"心杂音，即从收缩期持续到舒张期，中间没有任何中断。该杂音的强度及持续时间与压力梯度(主动脉和肺动脉之间的压力梯度)有关。当伴发肺动脉高压时(犬罕见),其舒张期杂音的强度与肺动脉的压力成反比,而S₂的强度与肺动脉的压力成正比。若血流方向颠倒,由右至左分流,而不是由左至右(这与因血流增强引起的获得性肺动脉高压情况不同,犬更多见于由胎儿时期的肺循环未退化引起),则听不到舒张期部分的杂音,在左心基处的收缩期杂音会变得微弱,甚至消失。PDA 常单独存在,但也会和其他的先天性疾病共同发生(如 VSD)。

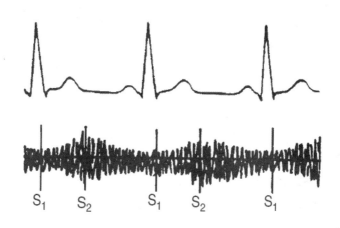

图 2-15　患 PDA 的贵宾犬,听诊到持续型心杂音,🔊见网络音频 36。

　　关键点:PDA 引起的连续型心杂音会局限于心基区域;如果只听诊二尖瓣区域,可能只能听到由伴发的二尖瓣关闭不全引起的收缩期心杂音。

　　PDA 心杂音的听诊有如下提示:

(1) 高强度、连续的"机械型"心杂音,在左心尖处最明显,常伴有震颤。
(2) 收缩期部分辐射广泛。
(3) 常在左心尖处听到收缩期反流性心杂音(继发于二尖瓣反流)。
(4) 长期的 PDA 可能引起房颤,此时更难辨认连续型心杂音。雌性德国牧羊犬及任何年龄段的喜乐蒂犬,一旦发生房颤,应马上诊断是否存在 PDA。

器质性或病理性连续型心杂音的罕见原因如下：

(1) 左至右分流的主动脉肺动脉窗。

(2) 动静脉瘘。

(3) 主动脉窦或冠状动脉瘤破裂，并进入右心。

(4) 严重的主动脉缩窄。

(5) 肺动脉分支狭窄。

总结

　　准确地辨别各心音及心杂音出现的时间和其他特征是诊断心脏疾病的重要组成部分。心音及心杂音的特征见图 2-16。

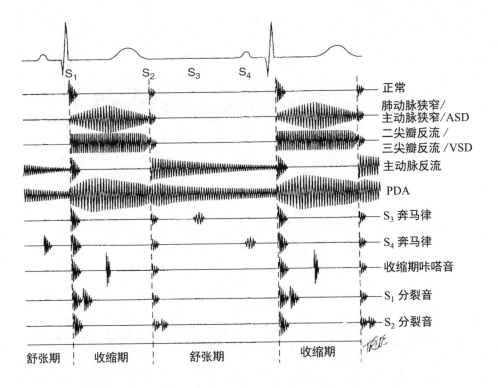

图 2-16　合并心电图和心音图的心动周期，涵盖了正常和异常的心音。ASD：房中隔缺损；VSD：室中隔缺损。（摘自 *Atkins CE: Abnormal heart sounds. In Allen DG, editor:* Small animal medicine, *Philadelphia, 1991, Lippincott Williams & Wilkins.*）

章后测试 2

A 部分

1. 随着肺动脉狭窄的严重程度由轻度转中度，心杂音的强度（　）。
   a. 增强。
   b. 减弱。
   c. 保持不变。
   d. 以上各项均不正确。

2. 主动脉瓣下狭窄是犬相对常见的一种先天性心脏病，以下描述中哪项是正确的？（　）
   a. 主动脉瓣下狭窄在纽芬兰犬和金毛寻回犬较常见。
   b. 在 1 岁以前，主动脉瓣下狭窄的病灶可能会持续恶化。
   c. 在 1 岁以前，心杂音强度可能会逐渐增强。
   d. 以上各项均正确。

3. 关于动脉导管未闭引起的心杂音，以下描述中正确的是（　）。
   a. 在右侧胸壁听诊较好。
   b. 在犬多为连续型心杂音。
   c. 若存在肺动脉高压（肺动脉处的血压偏高），心杂音的强度会更大。
   d. 若存在系统性低血压（主动脉处的血压偏低），心杂音的强度会更大。

4. "机械型心杂音"是指心杂音出现于（　）。
   a. 收缩期。　　　　　　　　　　b. 舒张期。
   c. 连续型。　　　　　　　　　　d. 以上各项均不正确。

5. 房中隔缺损导致的心杂音是由于左心房和右心房之间存在异常的血流？（　）
   a. 正确。　　　　　　　　　　　b. 错误。

6. 生理性心杂音是指（　）。
   a. 强度一般较低（Ⅰ～Ⅱ级）。
   b. 心基部听诊最佳。
   c. 通常见于幼龄动物。
   d. 以上各项均正确。

7. 在安静的房间里仔细听诊一只犬，左心尖部位听到较弱的收缩期心杂音。在胸壁的其他部位听不到该心杂音，该心杂音为几级？（　）
   a. Ⅰ／Ⅵ。
   b. Ⅱ／Ⅵ。
   c. Ⅲ／Ⅵ。
   d. Ⅳ／Ⅵ。

8. 听诊到钻石型收缩期心杂音，且在左心基部最明显。你的鉴别诊断应该不包括以下哪一种心脏疾病？（ ）
   a. 三尖瓣反流。
   b. VSD。
   c. 主动脉瓣反流。
   d. 肺动脉瓣狭窄。

9. 猫二尖瓣反流杂音可能的最佳听诊时间和位置是（ ）。
   a. 收缩期，左心尖部。
   b. 收缩期，右心基部。
   c. 收缩期，左侧胸骨缘。
   d. b 和 c 均正确。

10. 一只 12 岁的迷你贵宾犬在你诊所已就诊 3 年。去年，你在左心尖部听诊到 II 级收缩期平台型心杂音。胸片检查发现心脏大小仍处于正常范围内，患犬仍然保持着健康状态，照常进行预防用药。今年，主人因狗狗多饮多尿带来就诊，体格检查时你仍在左心尖部听到心杂音，但强度提高到 IV 级。接下来，你会做什么检查？（ ）
    a. 尿液检查。
    b. 血清生化。
    c. 血压。
    d. 以上各项均做。

Part B

Directions: Part B consists of five unknowns presented on the accompanying website. After determining the correct answers, fill in the appropriate blanks. Pay close attention to the location and timing of the murmurs. Because you are not examining the patient, the location is provided.

🔊 1. Aortic area in a Boxer dog. _____

🔊 2. Pulmonic area of a female Sheltie. _____

🔊 3. Aortic area in a German Shepherd dog. _____

🔊 4. Left apex in a male Poodle. _____

🔊 5. Left sternal border in a dyspneic cat. _____

B 部分

　　B 部分有 5 个音频，将正确的答案填入_____。注意心音的部位和时间点。由于不能对动物进行体格检查，题干中会提供听诊部位相关信息（音频文件见章后测试 2-B 部分 🔊 网络音频 1~5）。

1. 拳狮犬，主动脉瓣区域。_____

2. 雌性喜乐蒂犬，肺动脉瓣区域。_____

3. 德国牧羊犬，主动脉瓣区域。_____

4. 雄性贵宾犬，左心尖部。_____

5. 呼吸困难的猫，左侧胸骨缘。_____

第 3 章　　心律失常

目标

完成本章的学习后，你可以：

1. 认识到听诊在诊断心律失常方面的局限性。
2. 房颤的听诊特征。
3. 能结合听诊结果与其他体格检查结果，更好地判断心律失常的类型。
4. 区别不同品种动物的正常与异常心律。
5. 了解奔马律 (或奔马音) 和心律失常的差别。

章前测试 3

1. 房颤最常见的特征是快速、无规律的不规则心律，并伴有不同强度的瞬时心音。下面从听诊的角度描述房颤哪一项是正确的？（　）
   a. 心音混乱，因为 S_2 比 S_1 多。
   b. 心音混乱，因为经常 S_1 比 S_2 多。
   c. 心音混乱，因为通常会出现 S_3 或 S_4。
   d. 心音混乱，因为在 S_2 和下一个 S_1 之间存在规律性的停顿。

2. 通过听诊，你可以区别下面哪两对心律？（　）
   a. 阵发性房性心动过速与阵发性室性心动过速。
   b. 轻度的二级房室阻滞与窦性心律失常。
   c. 房颤与窦性心律失常。
   d. 窦性心律伴发室性早搏与窦性心律伴发室上性早搏。

3. 关于呼吸性窦性心律失常的描述哪一项是最恰当的？（　）
   a. 心率通常低于 140 次 /min，当动物吸气时，心率明显减慢。
   b. 心率通常高于 160 次 /min，当动物吸气时，心率减慢幅度超过 10 %。
   c. 心率通常高于 160 次 /min，当动物呼气时，心率明显减慢。
   d. 心率通常低于 140 次 /min，当动物呼气时，心率明显减慢。

4. 下面关于 S_4 的描述哪一项是正确的？（　）
   a. 房颤时，经常听到 S_4，是因为当心率快时，心肌会扩张且变得相对更加僵硬（无顺应性）。
   b. S_4 多见于心室僵硬的情况下，但房颤时不会听到 S_4。
   c. S_4 发生在心室舒张初期，与早期的心室充盈有关。
   d. 幼猫出现 S_4 通常是正常的。

5. 窦性心动过缓通常与下面哪种体格检查结果相关？（　）
   a. 低体温。
   b. 发热。
   c. 体温过高。
   d. 焦虑。

缩写表

简写	英文全称	中文全称
APC	atrial premature complex	房性早搏波群
AV	atrioventricular	房室的
ECG	electrocardiogram	心电图
PAT	paroxysmal atrial tachycardia	阵发性房性心动过速
PVT	paroxysmal ventricular tachycardia	阵发性室性心动过速
S_1	first heart sound	第一心音
S_2	second heart sound	第二心音
S_3	third heart sound	第三心音
S_4	fourth heart sound	第四心音
VPC	ventricular premature complex	室性早搏波群

心律失常的听诊

　　心电图是诊断心律失常的最好方法，然而，心律失常往往是听诊时才发现的。有些心律失常能通过听诊辨别，但有些则不能。听诊时，一旦发现任何无法解释不规则性的心率或节律，都应进一步做心电图检查。接下来会讨论几个临床上经常出现，仅通过听诊就能发现的心律失常。

　　关键点：听诊可以发现心律失常，甚至部分情况下可以诊断某些心脏疾病。听诊发现或怀疑存在心律失常时，通常使用心电图来做进一步诊断。

　　窦性心律（sinus rhythm）是有规律的节律（由功能正常的窦房结自发性去极化产生的心律），窦性心律有固定的 S_1-S_2 节律，由呼吸运动引起的两个连续 S_1 之间的时间变化小于 10 ％；S_1 与 S_2 之间的关系相对恒定；心率维持在相对稳定的范围（犬：60 ~ 160 次 /min；猫：140 ~ 210 次 /min）。窦性心律是犬猫的正常表现。

　　关键点：犬最常见的心律失常是窦性心律失常，但这是正常现象。

　　窦性心律失常（sinus arrhythmia）与窦性心律一样，是由窦房结自发性去极化产生，但窦性心律失常时，窦房结在正常或缓慢的心率下，去极化出现有规律的不规则（其不规则性是可以辨别的，🔊 见网络音频 37）。这和迷走神经的紧张程度有关，通常与呼吸运动有关，但也受其他因素的影响。吸气时，迷走神经紧张性降低，心率增加。窦性心律失常的程度会随着迷走神经的紧张度增加而加强，包括：呼吸运动以及可能影响迷走神经的疾病（如消化道、眼部疾病）。犬较常见呼吸性的窦性心律失常，也是一种正常现象，但猫并不常见，若发生，多提示支气管炎或哮喘（🔊见网络音频 38）。

关键点：猫出现心律失常多提示心脏病，因为猫少见窦性心律失常。

窦性心律失常的听诊和体格检查特点如下：

(1) 心率正常或稍慢。
(2) 有规律的不规则节律。
(3) 心率随着呼吸而改变；吸气时，心率增加。
(4) 有时，脉搏的强度会有轻微的改变，但不会出现脉搏缺失。

与临床相关的情况如下：

(1) 对犬来说是正常的。
(2) 犬的迷走神经紧张时（呼吸和消化系统疾病），窦性心律失常会更明显。
(3) 猫出现窦性心律失常，则提示支气管哮喘。

关键点：并非所有的规律性节律都是正常的（如室性心动过速），也并非所有不规则的节律都是异常的（如犬的窦性心律失常）。

房颤（atrial fibrillation）产生的是快速、毫无规律的异常节律。房颤时，窦房结的去极化不再控制心率，取而代之的是心房产生了许多折返环冲击房室结，其传导是由房室结上交感和副交感神经张力的平衡决定。变化的心率引起心室充盈度的不同，进而引起心室收缩力的变化，所以每搏的心音强度会出现显著不同。房颤时的高速心率会产生所谓的"短循环"（心动周期缩短），通常引起脉搏缺失（只出现 S_1，而没有 S_2，因为短循环搏动时，心室的收缩力减弱，虽然可以让心室压力上升，但也只能让二尖瓣和三尖瓣关闭，而射出的血液不能克服足够的阻力，使主动脉瓣或肺动脉瓣打开，所以不会出现 S_2）。此处有犬猫房颤的相关音频，🔊见网络音频 39~40。

房颤时的听诊特征（图 3-1）与其他体征包括如下：

(1) 心率快。
(2) 无规则节律。
(3) 跟呼吸无关的不规则节律。
(4) 心音响度不一。
(5) 不规则的节律与响度不一的心音，共同产生类似于网球鞋在洗衣机里甩干发出的声音。

(6) 通常脉搏质量会下降，强度不规则；在高速心率时还会出现缺失。

(7) 脉搏与心音不一致。

相关的临床疾病如下：

(1) 犬的扩张型心肌病。

(2) 猫的肥厚型心肌病或限制性心肌病。

(3) 犬的瓣膜疾病引起严重的二尖瓣反流。

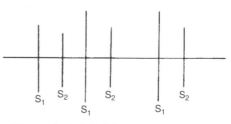

关键点：房颤产生快速、不规则节律，同时心音响度不一及脉搏缺失。

图 3-1   杜宾犬的房颤。注意心律不规则及心音强度的多变。

重度二级传导阻滞(high-grade second-degree)或完全阻滞(complete heart block)时，听诊常发现心率缓慢。S_1 与 S_2 可能以规则间隔缓慢出现，或出现较长时间的停顿，这取决于室性逸搏的速率及房室结的传导。S_1、S_2 响度的变化在一定程度是由于心室充盈度发生了变化。S_4 可能伴随着心房的收缩而出现，但 S_4 出现的速率可能比 S_1-S_2 快很多，因此会让人疑惑。S_4 - S_4 间隔可能规则或不规则，这取决于潜在的节律是窦性节律还是窦性心律失常。S_1-S_2 与 S_4 之间没有联系。

完全阻滞时的听诊异常(图 3-2)与体征异常如下：

(1) 如果没出现 S_4，则节律听上去可能缓慢而规则；若出现 S_4，则听上去可能较混乱且不规则。

(2) 即使节律听起来较混乱，脉搏依然很规则。动脉脉搏与 S_1 相符，就算听到 S_4，也不会产生相应的股动脉脉搏。

(3) 当心房收缩偶然发生在心室收缩期，这时常常会出现明显但不规律的颈静脉搏动，即所谓的"大炮 A 波"(cannon A wave，记住一点，房室传导完全阻滞时，心室去极化与心房无关，因此并不能保证心房收缩会先于心室收缩)。

相关的疾病如下：

(1) 特发性房室结纤维化或老年动物的退行性变化。

(2) 猫的心肌病。

(3) 肿瘤浸润到房室结。

(4) 心内膜炎或心肌炎。

关键点：S_4 的出现与 S_1-S_2 没有关联时，提示房室传导阻滞。

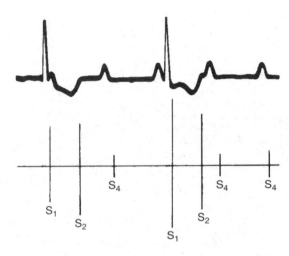

图 3-2　一只 12 岁可卡犬出现的完全房室传导阻滞。当 P 波出现于 QRS 波群前（第 2 个）时，S_1 出现加强。注意 S_4 可能与未被传导的 P 波有关。

听诊发现心音过早地提前（如规则的节律突然出现早搏音，随后出现短暂的停顿），则怀疑是室性早搏（ventricular premature complexes, VPCs，🔊见网络音频 41）。

VPCs 相关的听诊（图 3-3）与体征异常如下：

(1) 规则或规律的不规则节律被早搏音打断（🔊见网络音频 42）。

(2) 听诊时，很难听到早搏音，因此，早搏后的停顿容易误认为是"漏搏（dropped beat）"。

(3) 早搏不产生可感知的股动脉脉搏（脉搏缺失）或产生较弱的脉搏。搏动的越提前，脉搏越弱。舒张末期的 VPC 可能对脉搏质量产生不了可感知的影响。在心率较快时，VPC 更容易引起脉搏缺失。

(4) 由于 VPC 导致去极化及心室收缩的不同步，有时可能听到心音（S₁ 和 S₂）分裂。

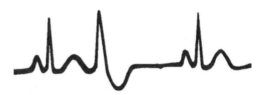

常见的相关疾病如下：

(1) 犬猫的心肌病。

(2) 猫的甲状腺功能亢进。

(3) 犬脾脏相关疾病（包括血管肉瘤）。

(4) 犬的胸腔创伤，猫罕见。

(5) 犬的系统性疾病（如胃扭转，胰腺炎）。

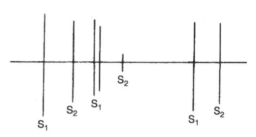

图 3-3　犬的 VPC 波群（第二个波群）。注意 S₁ 的分裂和较弱的 S₂。

VPCs 和房性早搏（atrial premature complexes, APCs, 🔊 见网络音频 43）不能单凭听诊将二者有效地区分，二者都能引起早搏，造成脉搏缺失。APCs 能维持心房和心室的同步性，因此，无论 APCs 的程度如何，通常会产生较强的脉搏，但无法因此鉴别早搏类型。VPCs 可能会产生颈静脉搏动，而 APCs 通常不会；此外，VPCs 常与可听到的 S₁ 和 S₂ 的分裂音有关，但是在临床环境中，很难察觉这个细小的差异。

关键点：从听诊上，无法有效地鉴别 VPCs 和 APCs。

阵发性室性心动过速（paroxysmal ventricular tachycardia, PVT, 🔊 见网络音频 44）和阵发性房性心动过速（paroxysmal atrial tachycardia, PAT, 🔊 见网络音频 45）的特征是心动过速中，突然出现超过 3 个连续心搏动，然后再突然地结束（而窦性心动过速则与之相反，会有典型的"渐快"和"渐慢"的过程）。然而，窦性心动过速的动物也可能出现突然加快的情况，听诊时，就容易与 PVT 或 PAT 相混淆。PVT 和 PAT 并不能通过听诊来准确区分，需要借助 ECG 确诊。一般在窦性节律恢复之前，若心动过速的持续时间小于 30 s，则称为阵发性或非连续性。

PVT 和 PAT（图 3-4）的听诊与体征异常如下：

(1) 突然出现心动过速（心率超过 400 次 /min），而后又突然停止。

(2) 在不表现心动过速的期间内，可能会出现独立的早搏（APC
或 VPC）。

(3) 心动过速期间，脉搏可能变弱或消失。

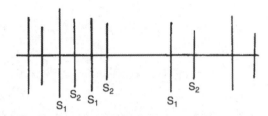

PAT 相关的疾病如下：

(1) 房室瓣疾病或心肌病
引起的心房扩张。

(2) 心室预激。

(3) 系统性、原发性非
心脏疾病（如肾衰、
胰腺炎、蛇咬伤）。

图 3-4   一只 10 岁的贵宾犬出现的阵发性房
性心动过速（前 3 个波群）。

持续性心动过速（sustained tachycardias）通常定义为持续时间超过 30 s 的
心动过速。听诊并不能有效地区分窦性心动过速、室性心动过速和房性心动
过速。迷走神经刺激（如按压眼睛或颈动脉窦）能够帮助区分窦性心动过速和
房性心动过速。如果刺激迷走神经，心动过速突然中断，则提示房性心动过速。
如果随着迷走神经的刺激，心率缓慢降低，而之后，又逐渐加速，则提示窦
性心动过速。然而，即使心动过速是二者中的一种，但也可能对迷走神经的
刺激并没有反应。所以，只要动物出现持续性心动过速，都需要 ECG 检测。

**关键点：猫的心率比较快，通常是正常节律，但也要考虑疾病原因，
如甲状腺功能亢进和心肌病。**

"奔马律（gallop rhythm）"这个术语名称其实是不恰当的，出现奔马音
并不是心律失常的必然表征，但是会提示存在额外的心音（S_3 和 S_4）。有时
这些额外的心音会被误以为心律失常。奔马音是由于心脏机械性功能发生改
变，而不是心率和电信号去极化模式发生变化，ECG 表现的节律也未受影响。

关键点：奔马"律"是指额外的心音，并不提示心律失常。

章后测试 3

A 部分

1. 听诊在判断心律、识别异常节律方面十分重要，以下描述中正确的是（　　）。
   a. 听诊发现大型犬有快速的不规则心律，通常提示有房颤。
   b. 诊断心律通常需要借助 ECG。
   c. 窦性心律失常常见脉搏缺失。
   d. 窦性心动过速常见脉搏缺失。

2. 关于早搏性收缩，以下描述中正确的是（　　）。
   a. 心率较快时，早搏引起的 S_1 强度较弱，几乎难以察觉，且之后不会出现 S_2，造成心律暂停，容易误认为"漏搏"。
   b. 心率超过 160 次/min 时，不易区分房颤与窦性心律失常。
   c. 窦性心律被阵发性室性早搏、室性二联律、单独 VPCs 中断的情况，很容易与房颤相区分。
   d. 二尖瓣反流引起的心杂音患犬很少见房性早搏。

3. 以下哪种情况容易出现窦性心动过速？（　　）
   a. 发热。
   b. 体温过低。
   c. 甲状腺功能减退。
   d. 支气管炎。

4. 以下哪种疾病常与室性早搏相关，这种收缩在听诊时可以发现，并由 ECG 可以确诊？（　　）
   a. 杜宾犬的扩张型心肌病。
   b. 拳狮犬的致心律失常性右心室心肌病。
   c. 脾脏血管肉瘤。
   d. 以上各项均是。

5. 奔马音（S_3、S_4，或重叠奔马音）很难同以下哪种情况区分？（　　）
   a. 房颤。
   b. 室性早搏。
   c. 收缩中期咔嗒音。
   d. 房性早搏。

Part B

Directions: Part B consists of four unknowns presented on the accompanying website. After determining the correct answers, fill in the appropriate blanks. Some cases have more than one possible answer.

🔊 1. Irish Wolfhound with dilated cardiomyopathy. _____

🔊 2. This arrhythmia is heard in a coughing dog with bronchitis. _____

🔊 3. This arrhythmia is heard in a German Shepherd that had been hit by a car. _____

🔊 4. This arrhythmia is heard in a 5-year-old Doberman Pinscher seen for routine vaccination. _____

B 部分

B 部分有 4 个音频，将相应的描述与音频配对，在 _____ 填入正确答案。有些音频的描述可能不止一个（音频文件见章后测试 3-B 部分 🔊 网络音频 1~4）。

1. 患有扩张型心肌病的爱尔兰猎狼犬。_____

2. 患有支气管炎的犬，症状咳嗽，听诊到有心律失常。

_____

3. 发生车祸的德国牧羊犬，听诊到有心律失常。_____

4. 5 岁杜宾犬，常规免疫时，体检听诊到有心律失常。

_____

第4章　肺音

完成本章的学习后，你可以：

1. 理解正常肺音的来源。
2. 恰当地使用标准术语来描述各种呼吸音。
3. 理解肺音传播到胸壁和听诊器的过程。
4. 了解呼吸道、肺和胸膜腔疾病对肺音和呼吸型的影响。
5. 认识肺音在诊断疾病时的局限性。

章前测试 4

1. 正常肺音来自（ ）。
   - a. 支气管和肺泡。
   - b. 整个气道系统。
   - c. 气管和少量初级支气管。
   - d. 朝向听诊器的小气道。

2. 肺音是如何形成的？（ ）
   - a. 大支气管中的空气湍流。
   - b. 小支气管中的空气湍流。
   - c. 大支气管中的层流。
   - d. 小支气管中的层流。

3. 犬肺水肿时，异常肺音的名称是什么？（ ）
   - a. 啰音〔rales〕。
   - b. 细爆裂音〔fine crackles〕。
   - c. 湿肺音〔wet lung sounds〕。
   - d. 刺耳肺音〔harsh lung sounds〕。

4. 题 3 中描述肺水肿的异常肺音是如何引起的？（ ）
   - a. 肺泡和小支气管中的液体产生的气泡。
   - b. 肺叶和次级支气管中的液体产生的气泡。
   - c. 小气道的突然开张。
   - d. 小气道的突然关闭。

5. 和干啰音〔rhonchi〕相比，哮鸣音〔wheezes〕是指（ ）。
   - a. 高频率，在口部能听到。
   - b. 低频率，在口部能听到。
   - c. 低频率，只有靠近声源处才能听到。
   - d. 高频率，只有靠近声源处才能听到。

英国肺病学专家 Paul Forgacs，在 1967 年的 *Lancet* 中总结了肺部产生声音的可能范围描述为："肺脏如同湿海绵，所产生的声音很轻。"肺音是指由喉、气管、支气管和小支气管产生，经胸壁听诊到的正常或异常的声音。大家普遍认为肺音听诊和分类较困难，当前对肺音的命名规则也很难达成一致。肺音听诊困难是因为这些声音一般较弱，频率低，不易被听到；此外，呼吸运动产生肺音，而呼吸的频率相对较低，所以肺音的频率相对也低。犬猫的正常呼吸频率为 10～30 次 /min。完整听诊一只正常的动物，肺音听诊需将近 2min——气管周围听 2～3 次呼吸音，再对左、右胸壁各取 4 个不同的点进行听诊。这在忙碌的诊疗环境下是非常耗费时间的，而人们也容易忽略耗时、困难的步骤。但是，在没有仔细听诊数百只健康动物的情况下，无法建立正常肺音的"声音库"，也就是说，对生病动物的肺音听诊基本是不可能的。理解肺音产生的基础，以及肺音是如何传递到听诊器中的，是学习精确评估肺音的第一步。

听诊器在胸壁处听到的肺音受到多种因素影响，包括：呼吸道产生声音的特征和响度，经胸壁和听诊器的传播过程。气道的结构对呼吸音的产生有重要影响，一些物种的胸腔内气管分支结构已被进行深入研究。物种间不同的呼吸型（包括：吸气初与吸气末吸入空气量的比较，或吸气初吸入量与呼气阶段呼出气体量的比较）和呼吸频率对正常 / 异常呼吸音的产生和传播均有显著影响。与心脏听诊不同，肺脏听诊只使用膜式听头，因为在听诊范围为 400～2 000 Hz 的声音时，膜式听头比钟式听头的表现明显要好，而大部分的异常肺音位于此频率区间（▶ 见第 4 章肺音视频 1）。

正常呼吸系统音

呼吸系统音包括呼吸音、气管音和肺音。呼吸音可在动物口部直接听到，也可借助听诊器；气管音是指将听诊器直接置于气管上，听诊获得的声音；肺音是将听诊器置于胸壁上，听诊获得的声音。空气在气管支气管树中流动产生肺音。通常情况下，大气管（直径 >2 mm）中的空气发生湍流产生肺音。空气流过喉部依次进入气管、支气管树、肺泡，这一过程中，气流速度逐渐减小（因为气道的总横截面积在增加），气流由湍流变成层流，所以在第三级支气管处，产生的声音就很小了。虽然大气管能较好地传播高频声音，但实际上直径 < 2 mm 的支气管并不能；故肺音内大气管产生的声音由肺实质传播到肺的胸膜层表面形成。

肺实质由肺泡、小支气管、毛细血管及支持组织所组成。大气管产生的声音在胸腔内衰减的机理有 3 种：扩散、被肺脏和胸壁的体积效应吸收、皮肤表面反射。声音在传播过程中，遵循"平方反比定律"，随着传播距离的增加，响度下降（即响度与距离的平方成反比）。大多数肺音是在纵隔内或靠近纵隔的中央区域产生，所以当对远离气管或肺门的区域进行听诊时，肺音响度会下降。体积效应（volume effects）是指声波会通过摩擦力、热传导和分子弛豫（molecular relaxation）的方式损失部分能量，体积效应和传播衰减相似，随着传播距离增加，声音的衰减增多。肺泡就好像弹力球，肺泡的动态形变会消耗能量，当声波波长变短时，声波频率（音调）更高，而损失的声波能量最大。摩擦和热传导造成的声音衰减占总衰减的很大一部分，尤其当声波频率升高的时候。结果正常肺脏相当于低通滤波器一样，使低频音（< 400 Hz）的正常心音和肺音得到更有效地传播。

　　胸壁组织，特别是脂肪组织，对低频音具有强烈的衰减作用，所以肥胖动物听诊胸壁时，其心音和低频肺音会弱很多。皮肤－空气界面的反射会引起最严重的声音衰减，此处仅有低于 1 % ~ 5 %（频率不同，声音衰减的程度也不同）的声能量能传导进入听诊器。鉴于胸壁对于肺音的传播影响如此之大，临床医生在判断动物肺音强度时，必须考虑动物的体型及胸壁厚度（和被毛）。例如，肥胖猫听诊肺音几乎是不可能的，特别是没有心肺异常的情况下。临床医生必须了解门诊中所遇到的各种动物的正常呼吸音强度，其中也包括不同体型、大小、体况的呼吸音强度。

　　总而言之，由于扩散、吸收、散射和反射的作用，由大气管产生的声音，其中仅有一小部分能传播到体表。胸壁结构的不均一，使得传播到胸壁表面的声音也是极不均匀的，通常衰减会随着声音频率的增加而增加。结果导致高频率的声音可能仅在几个部位才能听到，这也说明了在健康和患病动物中，听诊部位的选择对心肺音的听诊很重要。

　　根据现代对肺音起源的理解，用于描述肺音的单词已变得简单，如正常、增强或减弱。虽然，临床上经常会使用支气管肺泡音（bronchovesicular）和肺泡呼吸音（vesicular breath sounds），但目前已被确定为错误的说法。"肺泡"这个前缀提示该声音由肺泡产生，但这是不正确的，实际上，这些声音是由大气管产生，经肺实质和胸壁传播至体表。在犬，吸气性肺音通常来自肺叶支气管及其下级的大支气管，呼气性肺音来自气管和第一到二级支气管。

　　听诊肺脏前，先观察动物体型、体况评分和呼吸型，随后听诊动物口部是否有异常音（不用听诊器），最后用听诊器在气管部位进行听诊。气管与听诊器之间没有肺脏组织，并且相同物种的不同个体之间颈部厚度差异不大，因此，在气管处听诊到的声音可作为肺音听诊的参照（ ▶ 见第 4 章肺音视频 2）。由于没有肺组织所引起的衰减，气管音更响，频率更高，在 1 000 ~ 3 000 Hz 范围内，比正常肺音具有更多的能量。通常，肺音的频率 <

400 Hz，并且几乎所有在胸壁处听诊到的声音频率均 < 1 000 Hz。评估正常肺音强度时，最好是选择胸腔左、右两侧相对应的位置，仔细听诊几次呼吸，比较肺音强度和时间。听诊过程中，保持动物站立，同时在评估中须考虑动物的体型、体况以及被毛、胸壁结构或姿势上的任何不对称。呼吸型对肺音有很大的影响：与正常呼吸相比，喘息或用力呼吸产生的高速气流可以在更小的气管内引发更大的湍流，从而产生更响、更粗糙（频率更高）的肺音，即肺音增强。

在动物胸腔的不同部位听诊时，正常肺音的频率、强度及时间也会不同。无论声音产自何处（喉、气管或中央支气管），空气湍流均会引起气管壁的振动，从而产生声音，这些声音由大气管传播到相邻的组织。空气流速增加的情况（气管狭窄、空气流速增加）会增加湍流量，产生的肺音更响。反之，某些能降低气流流速的临床状况则可减少湍流，使肺音减弱。气管的解剖结构也是一个重要因素，例如，正常犬肺音最强的区域在右肺中叶，这与肺叶中支气管的形状和走向有关。

疾病能改变胸腔传播声音的能力，使肺音发生明显变化（▶见第 4 章肺音视频 3）。通常情况下，正常肺泡发生实变、浸润或纤维化时，肺脏对高频音的传导能力增强，肺音增强。当肺水肿、炎症或浸润导致肺内渗出增多时，肺脏的体积效应引起的声音衰减作用减弱，在胸壁听诊到的肺音，其强度和频率均增加（因为有更多的高频音到达体表），这些变化在疾病很早期就能被电子分析仪探测到，尤其是在外膜声音形成之前。而临床医生辨别这些变化的能力取决于多种因素，包括前文提到的大脑中"声音库"的容量。

肺音增强的极端例子是"支气管呼吸音"，在这种情况下，肺音与气管音相似，提示该区域肺脏已完全实变。此时，肺音在无空气流通的区域最响亮，这听上去与直觉相反，但考虑到肺音来源于尚能通气的大支气管，而实质化的肺组织能更有效地传播声音，因此在这些区域听诊到的肺音最响亮。只要在 X 线片上看到肺脏呈现空气支气管征，周围存在严重的肺泡型，就很有可能出现支气管呼吸音。若支气管被挤压或者被液体填充，那么肺叶会丧失部分的呼吸道影像，声音的传播能力也会减弱，该区域的肺音强度会严重下降。

呼吸时，空气流速减慢可能会引起肺音减弱，如处于静息状态的动物，大多数正常的猫，神经肌肉紊乱而引起呼吸肌衰弱的犬。胸膜腔内存在气体或液体时（如渗出、出血、胸膜肺炎），会造成肺脏和听诊器之间产生额外的声音反射点，肺音也会减弱。此时在传播过程中，肺脏与胸膜腔交界处反射的声波增多。临床表现出明显胸膜腔疾病的动物，胸腔区域出现了额外的声波反射界面，因此，从胸腔听诊的肺音会减弱，例如，气胸犬站立位时，背部肺野区域的肺音会减弱；胸腔积液的猫俯卧位时，胸腔腹侧肺音也会减弱。此外，随着胸膜腔疾病的发展，动物的潮气量会下降（尽管在用力呼吸），导致正常肺音减弱，所以胸膜腔疾病的动物，其肺音也可能比较难以听到。

异常（异位）肺音概述

　　Forgacs 对正常和异常肺音之间的临床相关性和基本功能进行了描述，在将其开创性的研究公布之前，内科医生和兽医师们会用各种术语来描述那些曾经以为能够清晰辨别的异常肺音。1983 年，Kotlikoff 和 Gillespie 列出了至少 23 个经过修改过的基础术语，用以描述异常肺音。兽医领域也有类似发现，在 1989 年，Roudebush 从 310 份兽医病例报告或临床评论中，发现了有 7 种不同的呼吸音命名，12 种爆裂音命名（通常使用"啰音"这个词），7 种额外术语来描述不连续的声音（如"湿的""充血""液体声音""咕噜声""捻发音""啰音""咔嗒音"），超过 7 种的术语描述连续的肺音。现在这些名词被普遍认为缺乏临床价值，因为这些名词所指代的声音难以相互区分（这是 Forgacs 贡献的一部分）。继续使用"湿啰音"（或潮湿、干燥、湿润）这类词汇的医疗人员，大多数会被贴上"没希望的怪咖"或／和"无知医生"这样的标签。

　　在 1985 年举行的国际肺音协会第十次会议中，命名委员会一致认为将异常肺音分为 3 种：**爆裂音**（crackles，又分细、粗）、**哮鸣音**（wheezes）和**干啰音**（rhonchi），每一种类型又包含了多种异常的肺音。这种分类方法是按照听觉上能否被辨识和描述来划分的，与其产生机制或者分布范围无关（表 4-1 和表 4-2）。这样的分类方法也广泛地被兽医领域接受，虽然仍有一些临床医生在使用类似"啰音"（通常指细爆裂音）和"刺耳"（指增加的）的词汇。异位肺音（adventitial lung sounds）是指叠加于正常（或减弱或增强）肺音之上的异常肺音。国际肺音协会认定的这 3 类明显的异位肺音同样适用于犬猫临床。

表 4-1 正常和异常肺音的起源、声学特征和时间

肺音	声学特征	时间
正常肺音	低频，安静，正常犬的右肺中叶最响	吸气时最响
气管音	频率较高，较响	吸气和呼气时均有
肺音增强	较响，包含较高频（音调较高）的声音	可能在吸气和呼气时均较响
肺音减弱	比正常肺音弱，包含低频音（音调较柔）	可能无法听到，特别是在呼气时
异常肺音		
粗爆裂音	< 50 ms，7~800 Hz，口、气管和胸腔均可听到	吸气，呼气，或二者均有
细爆裂音	< 20 ms，> 800 Hz；胸腔可听到，偶尔在气管可听到，但在口腔听不到	吸气早期或末期
哮鸣音	持续时间长（> 80 ms），高频（> 1 000 Hz），轻柔或响亮	一般在呼气阶段，但吸气阶段，或二者均可听到
干啰音	持续时间更长（> 100 ms），低频（< 2~300 Hz），响亮	吸气，呼气，或二者都有

表 4-2 犬猫常见心肺疾病中的肺音

疾病	声音的强度（与正常肺音相比）[*]	异常肺音
肺水肿	通常较响（除非该动物因为过度虚弱而出现呼吸变浅）	常出现（吸气末的细爆裂音，伴有或不伴有哮鸣音）
胸腔积液	更安静	通常无，取决于病因（如可能与肺水肿同时出现）
气胸	更安静	通常无
支气管炎	正常到增强	通常无，也可能听到（吸气阶段，或吸气呼气阶段均出现粗爆裂音／哮鸣音）
肺炎	一般会增强，除非肺叶支气管发生阻塞	通常出现（粗爆裂音，伴有或不伴有哮鸣音／干啰音）

[*] 假设动物尚能维持其呼吸潮气量。

细爆裂音 (Fine crackles)

细爆裂音是一类持续时间短 (< 20 ms)，高频 (> 800 Hz)，消逝迅速且无节律的肺音 (▶ 见第 4 章肺音视频 4)。过去曾认为该声音代表了"肺泡或气道内出现了液体"，但现在人们已认识到它的产生与肺脏气道内的液体并无关系。细爆裂音的产生过程与肺音增强相同，其代表的是小气道爆发性开放所产生的短暂高频音。正常情况下，小气道没有完整的软骨环，在呼气阶段，肺泡间隔的拉伸和支架效应可以维持小气道的正常结构，但在肺水肿或细胞浸润过程中，这种能力可能被抵消，导致发生塌陷。小气道也可能因气管内出现分泌物而阻塞，这时小气道只是阻塞，并没有发生实际的塌陷。由于潜在病因的不同，所引起的压力变化也不同，而细爆裂音的发生正是与压力变化相关，造成小气道的突然开张或者挤压，所以细爆裂音可见于吸气阶段的任何时段。当上百个小气道几乎同时喷开时，会发出如同撕开尼龙扣带的声音。还有一种办法能加深对细爆裂音的体会，用拇指和食指来回搓动头发 (越靠近耳道越好) 时听到的声音就与细爆裂音很相似。

细爆裂音最常出现在吸气的初始或终末。虽然对小动物来说，细爆裂音的出现通常指示肺脏病变，但该声音本身并不具有特异性，例如，支气管炎、肺水肿、肺炎或肺纤维化都可能产生细爆裂音 (不同的疾病，细爆裂音出现的时间和强度可能不同，并且临床症状也可能存在很大差别)。吸气早期产生的爆裂音常见于阻塞性肺病，如慢性支气管炎和哮喘。中到末期的吸气爆裂音多与限制型肺病相关，如间质纤维化、肺炎和肺水肿。限制型肺病或者呼吸疲惫导致动物呼吸变浅，肺的扩张不足可使塌陷的小气道开张，这也解释了为什么有些动物虽然其胸片中表现出严重的肺水肿或浸润，但并没有听到细爆裂音。对于这些病例，在动物状态允许的情况下，可以通过摁压气管进行诱咳的方式来使潜在的细爆裂音出现。如果动物还能有咳嗽反应，则咳嗽前的深吸气常可使肺脏扩张到足够大的程度，进而产生细爆裂音。一般情况下，吸气越深，肺音越强。在咳嗽时，有时可听到干啰音 (见后文)，多与胸内大气管塌陷和 / 或气管、大支气管内渗出物相关。

关键点：细爆裂音的出现并不能肯定存在心脏衰竭，因为细爆裂音主要出现在原发性肺部疾病和心脏衰竭。

粗爆裂音（Coarse crackles）

和细爆裂音相比，粗爆裂音频率更低（700 ~ 800 Hz），持续较长（< 50 ms）（ ▶ 见第 4 章肺音视频 5）。口、咽、喉、气管和初级支气管中的液体薄膜破裂后就会产生粗爆裂音。胸壁听诊可以清晰地听到粗爆裂音，但和细爆裂音不同的是，在口部（借助／不借助听诊器）和气管处也可以很容易听到粗爆裂音。听诊一个"听起来快窒息"的人或动物时，你听到的就是粗爆裂音。粗爆裂音可见于气管支气管炎或其他大气道炎性疾病。

关键点：粗爆裂音可提示大气管内有液体分泌物；这可能是由严重心衰引起，但也可能是由气管支气管炎和其他一些疾病引起。

哮鸣音（Wheezes）

与爆裂音相比，哮鸣音持续时间更久（> 80 ~ 100 ms），频率更高（通常 > 1 000 Hz）（ ▶ 见第 4 章肺音视频 6）。哮鸣音是一种与气道狭窄相关的正弦音（具有音乐感），当小支气管壁振动或某些结构（如黏液栓／肿块）与支气管壁之间发生振动时就可以产生哮鸣音。临床上，哮鸣音最常见于与哮喘相关的小气道狭窄，但其他一些能引起暂时性或永久性的小气道狭窄的疾病也可见哮鸣音，如肺水肿、肺炎、支气管炎、肺纤维化、腔内肿瘤或压迫性肿瘤等。哮鸣音的出现提示肺脏病变，并累及支气管，但并不能表明是哪一种具体的疾病，而且哮鸣音的产生机制也有多种。

关键点：哮鸣音可作为小气道疾病的一种症状，但并不是某一个疾病的特征症状。

干啰音（Rhonchi）

干啰音也是一种持续时间长的声音（> 100 ms），但与哮鸣音相比，其频率更低（< 2 ~ 300 Hz）。干啰音是由大气管振动（与哮鸣音相似，但只涉及咽、喉或支气管）或气液界面的破裂所产生（如吸入的空气经过有大量分泌物的大气管）。正如其名，干啰音是一种类似鼾声的声音（snoring-type sounds），在气管和胸壁上都可轻易听诊到。干啰音的出现可提示如下：

(1) 上呼吸道塌陷（ ▶ 见第 4 章肺音视频 7）。
(2) 大气管中分泌物的异常蓄积（ ▶ 见第 4 章肺音视频 8）。

吸气阶段，有时在呼气阶段，在一定距离内就可听到一种粗糙的声音，即为喘鸣音(stridor)。这种声音是由喉或其他大气管被阻塞到近乎闭合的状态下产生的。有时胸段气管发生塌陷时，能在呼气阶段听到喘鸣音(▶见第4章肺音视频9)。休息状态下，呼吸音正常的动物在运动或者兴奋后，由于呼吸加快或者加深，也可能听到明显的喘鸣音。软腭过长、咽部组织冗余或咽部肌无力可以引起鼻咽部阻塞，此时，在吸气阶段听到的低频声音即为鼾音(stertor)。犬出现吸气鼾音和喘鸣音最常见的原因是短头综合征。另一个常见原因是，部分品种的犬易出现喉麻痹(▶见第4章肺音视频10)，此时即使是正常呼吸也可能出现鼾音。这些品种的犬包括拉布拉多犬、佛兰德牧羊犬、西伯利亚哈士奇犬、大麦町犬、罗威纳犬、圣伯纳犬和纽芬兰犬。在阻塞性疾病危症情况下，鼾音常被喘鸣音所替代(▶见第4章肺音视频11)，因为在用力吸气的过程中，空气经过紧闭的喉口时，会产生频率较高的吸气音。喉麻痹常见于中老年动物，有时也与甲状腺功能减退相关。部分喉麻痹的动物，其叫声会发生变化。

关键点：喘鸣音通常提示气道结构过窄，如喉麻痹或气管塌陷。鼾音是一种在气道阻塞不是非常严重的情况下出现的低频音，由较大结构的振动所产生，如软腭或咽壁。

叩诊

通过叩诊(percussion)可在一些区域内激发出浊音(dullness)(低共鸣音，如肺实变或胸腔积液时)或高共鸣音(hyperresonant)(如气胸或猫哮喘时)。叩诊常被误认为是一种不实用或不准确的诊断方式。敲击动物体表所产生的声音被称为"叩诊音"。这些声音较多变，可产生不同的共鸣，范围可从实音(flat note)(持续时间短的相对高频音，共鸣弱或无共鸣)到鼓音(tympanic note)(持续时间长的低频音，共鸣明显)。某些组织可以产生容易辨别的叩诊音，下面是按照共鸣的强弱从最强到最弱列举：

(1) 鼓音(tympanic)：叩诊中空的充气结构时。
(2) 高共鸣音(hyperresonant)：叩诊气胸或过度充气的肺脏时(如猫哮喘)。
(3) 共鸣音(resonant)：叩诊正常肺脏时。
(4) 低共鸣音(hyporesonant)：叩诊液体量增加的肺脏时(如肺水肿)。
(5) 浊音(dull)：叩诊有大量胸腔积液部位时。
(6) 实音(flat)：叩诊臂肌时。

　　通过在不同被毛厚度、品种、体况和体型的正常动物身上反复练习，临床医生要能在脑海中建立一个正常叩诊音的"声音库"，并能轻易辨别出与肺脏或胸膜病变相关的高共鸣音或低共鸣音。结合心肺听诊 [正常肺音强度（表 4-3）和异常肺音的存在与否]，通过对胸腔的叩诊，临床医生在应对呼吸困难，但不适合做 X 线检查的动物时，能够更敏锐地察觉异常（表 4-4）。

表 4-3　病理生理性变化对肺音传播和强度的影响

病理生理性变化	肺音强度
深呼吸或高速气流（喘气）	增强
浅呼吸	减弱
体重增加、被毛厚实、中等或肥胖体型、胸壁肌肉厚实、桶状胸	减弱
体重减轻，被毛稀薄，偏瘦体型／深胸型	增强
肺实质密度降低，通常是由于空气蓄积，功能性残气量增加（如哮喘、肺气肿）	减弱
因间质或肺泡中有细胞或液体浸润引起肺实质密度升高（如过度水合、水肿、肺炎、支气管炎）	增强
肺脏与胸壁之间的胸膜腔内有额外的声音反射界面（如胸腔积液、血胸、气胸）	减弱

表 4-4　胸腔疾病动物的体格检查

	肺音强度	异常肺音	叩诊音
正常肺	正常	无	共鸣音
肺水肿	增强	爆裂音，也可能有哮鸣音	低共鸣音
哮喘	通常减弱	哮鸣音	高共鸣音
胸腔积液	胸腔腹侧较弱或听不到声音；背侧可能增强*	无	浊音
气胸	背侧较弱或消失；腹侧可能增强*	无	鼓音

* 假设动物站立位或俯卧位。

章后测试 4

A 部分

1. 粗爆裂音下列哪种因素引起？（ ）
    a. 小气道张开。
    b. 皮下气肿。
    c. 大气道中的液体。
    d. 大气道壁振动。

2. 正常肺音及大多数异常肺音的频率范围是多少 Hz ？（ ）
    a. 400～1 000 Hz 和低于 400 Hz。
    b. 低于 400 Hz 和 400～1 000 Hz。
    c. 100～400 Hz 和高于 100 Hz。
    d. 低于 800 Hz 和高于 1 000 Hz。

3. 胸壁听诊到的喘鸣音可依靠哪一项可与哮鸣音区别开？（ ）
    a. 频率比哮鸣音低很多。
    b. 频率比哮鸣音高很多。
    c. 哮鸣音出现于吸气阶段，而喘鸣音出现于呼气阶段。
    d. 不用听诊器就可在动物口部听到喘鸣音。

4. 肺脏右前叶已经完全实变，并出现空气支气管征，而左前叶未受影响，此时，听诊右前叶会产生的肺音为（ ）。
    a. 听不到。
    b. 减弱的。
    c. 混有哮鸣音。
    d. 增强的。

5. 当动物吸入密度比空气低的氦气与氧气混合气体时，会在气管中产生层流，这对气管音的影响包括（ ）。
    a. 响度较弱。
    b. 可听到干啰音。
    c. 响度增强。
    d. 频率增加。

Part B

Directions: Part B consists of four unknowns presented on the accompanying website. After determining the correct answers, fill in the appropriate blanks.

🔊 1. Sound heard in a dyspneic cat with a history of coughing.

_____

🔊 2. Lung sounds in a 10-year-old West Highland Terrier with coughing. _____

🔊 3. Lung sounds in a 3-year-old asymptomatic Beagle. _____

🔊 4. Inspiratory sound in a 12-year-old Labrador Retriever with exercise-induced dyspnea.

_____

B 部分

B 部分有 4 个音频，将正确的答案填入 _____（音频文件见章后测试 4-B 部分 🔊 音频 1~4）。

1. 一只呼吸困难的猫呼吸产生的声音，有咳嗽病史。

_____

2. 一只 10 岁的西高地白㹴肺音，有咳嗽症状。 _____

3. 一只无临床症状的 3 岁比格犬的肺音。 _____

4. 一只 12 岁的拉布拉多犬的吸气音，有运动性呼吸困难。

附录 1　犬猫心脏病品种倾向 *

附表 1　犬心脏病品种倾向

Breed	品种	Disease	疾病
Affenpinscher	猴㹴	PDA	PDA
Afghan Hound	阿富汗猎犬	DCM	DCM
Airedale	万能㹴	PS, aortic coarctation	PS、主动脉狭窄
Akita	秋田犬	VSD	VSD
Basset Hound	巴吉度猎犬	PS, VSD	PS、VSD
Beagle	比格犬	PS, VSD, RBBB, tetralogy of Fallot	PS、VSD、RBBB、法洛四联症
Bearded Collie	古代牧羊犬	SAS	SAS
Bichon Frise	比熊犬	PDA, degenerative valve disease	PDA、退行性瓣膜病
Bloodhound	寻血猎犬	SAS	SAS
Border Terrier	边境㹴	aortic body tumours, VSD	主动脉体肿瘤、VSD
Boston Terrier	波士顿㹴	degenerative valve disease, DCM chemodectoma（±pericardial effusion）, PDA	退行性瓣膜病、DCM、化学感受器瘤（±心包积液）、PDA
Bouvier des Flandres	弗兰德牧羊犬	SAS	SAS
Boxer	拳狮犬	SAS, PS, ASD, DCM, arhythmogenic right ventricular cardiomyopathy（boxer cardiomyopathy）, chemodectoma（±pericardial effusion）, endocardial fibroelastosis, HCM	SAS、PS、ASD、DCM、致心律失常性右心室心肌病（拳狮犬心肌病）、化学感受器瘤（±心包积液）、心内膜弹力纤维增生症、HCM
Boykin Spaniel	博伊金猎犬	PS, degenerative valve disease	PS、退行性瓣膜病
British Bulldog	英国斗牛犬	arteriovenous fistula, mitral valve disease, PS	动静脉瘘、二尖瓣疾病、PS
Brittany Spaniel	布列塔尼猎犬	PRAA	PRAA
Bullmastiff	斗牛獒	PS, DCM	PS、DCM
Bull Terrier	牛头㹴	MVD, mitral valve stenosis, SAS	MVD、二尖瓣狭窄、SAS

* 摘自：Tilley LP, Smith FWK, Jr, Oyama MA, et al, editors: *Manual of canine and feline cardiology*, ed 5, St Louis, 2016, Saunders.

续附表 1

Breed	品种	Disease	疾病
Cavalier King Charles Spaniel	查理士王小猎犬	inherited ventricular arrhythmias, right atrial hemangiosarcoma（±pericardial effusion）, PDA, degenerative（myxomatous mitral）valve disease, femoral artery occlusion	遗传性室性心律失常、右心房血管肉瘤（± 心包积液）、PDA、退行性瓣膜病（二尖瓣黏液瘤）、股动脉关闭
Chihuahua	吉娃娃犬	PDA, PS, degenerative valve disease	PDA、PS、退行性瓣膜病
Chow Chow	松狮犬	PS, VSD	PS、VSD
Cocker Spaniel（American, English）	可卡犬（美卡、英卡）	PDA（American, English）, PS, degenerative valve disease, DCM（American, English）, Sick sinus syndrome（American, English）	PDA、PS、退行性瓣膜病、DCM、病态窦房结综合征
Cocker Spaniel, American	美国可卡犬	cardiomyopathy, PDA	心肌病、PDA
Collie（Rough and Smooth）	苏格兰牧羊犬（刚毛／顺毛）	PDA	PDA
Dachshund	腊肠犬	degenerative valve disease, mitral valve prolapse, sick sinus syndrome, PDA	退行性瓣膜病、二尖瓣脱垂、病态窦房结综合征、PDA
Dalmatian	大麦町犬	DCM, MVD	DCM、MVD
Doberman Pinscher	杜宾犬	ASD, DCM, bundle of His degeneration, PRAA	ASD、DCM、希氏束退化疾病、PRAA
Dogue de Bordeaux	波尔多红獒	SAS	SAS
English Bulldog（Bulldog）	英国斗牛犬	PS, tetralogy of Fallot, VSD, SAS, chemodectoma（±pericardial effusion）, MVD, PRAA	PS、法洛四联症、VSD、SAS、化学感受器瘤（± 心包积液）、MVD、PRAA
English Sheepdog	英国牧羊犬	DCM	DCM
English Springer Spaniel	英国史宾格犬	PDA, VSD, persistent atrial standstill	PDA、VSD、持续性心房停顿

续附表 1

Breed	品种	Disease	疾病
Estrela Mountain Dog	埃斯特雷山犬	DCM	DCM
Fox Terrier	猎狐㹴	degenerative valve disease, PS (wirehaired and smooth), tetralogy of Fallot (wirehaired), PRAA (wirehaired and smooth)	退行性瓣膜病、PS（刚毛／顺毛品种）、法洛四联症（刚毛）、PRAA（刚毛／顺毛品种）
French Bulldog	法国斗牛犬	PS	PS
German Pinscher	德国宾莎犬	PRAA	PRAA
German Shepherd	德国牧羊犬	SAS, MVD, TVD, PRAA, inherited ventricular arrhythmia (tachycardia), right atrial hemangiosarcoma (±pericardial effusion), infective endocarditis, DCM, PDA, cardiomyopathy	SAS、MVD、TVD、PRAA、遗传性室性心律失常（心动过速）、右心房血管肉瘤（±心包积液）、感染性心内膜炎、DCM、PDA、心肌病
German Shorthair Pointer	德国短毛波音达犬	SAS	SAS
Golden Retriever	金毛寻回犬	SAS, MVD, TVD, taurine deficient familial, DCM, canine X-linked muscular dystrophy, pericardial effusion (idiopathic), right atrial hemangiosarcoma (±pericardial effusion)	SAS、MVD、TVD、牛磺酸缺乏性家族性DCM、犬 X 染色体肌肉萎缩、心包积液（原发性）、右心房血管肉瘤（±心包积液）
Great Dane	大丹犬	MVD, TVD, SAS PS, PRAA, DCM, lone atrial fibrillation	MVD、TVD、SAS、PS、PRAA、DCM、孤立性房颤
Great Pyrenees	大白熊犬	TVD	TVD
Greyhound	灰猎犬	PRAA	PRAA
Husky	哈士奇犬	VSD	VSD
Irish Setter	爱尔兰长毛猎犬	PRAA, DCM, right atrial hemangiosar-coma (±pericardial effusion)、TVD	PRAA、DCM、右心房血管肉瘤（±心包积液）、TVD
Irish Wolfhound	爱尔兰猎狼犬	DCM, lone atrial fibrillation	DCM、孤立性房颤

续附表 1

Breed	品种	Disease	疾病
Italian Greyhound	意大利灰猎犬	PRAA	PRAA
Keeshond (Keeshonden)	荷兰毛狮犬	conotruncal defects (CTD) includes conal septum, conal VSD, tetralogy of Fallot, and persistent truncus arteriosus, PDA, PS, MVD	圆锥动脉干缺损(CTD，包括圆锥隔、圆锥VSD、法洛四联症、动脉干永存)；PDA、PS、MVD
Kerry Blue Terrier	凯利蓝㹴	PDA	PDA
Labrador Retriever	拉布拉多犬	TVD, PDA, PS, DCM, pericardial effusion (idiopathic), right atrial hemangiosarcoma (±pericardial effusion), supraventricular tachycardia	TVD、PDA、PS、DCM、心包积液(原发性)、右心房血管肉瘤(± 心包积液)、室上性心动过速
Lakeland Terrier	湖畔㹴	VSD	VSD
Lhasa Apso	拉萨犬	degenerative valve disease	退行性瓣膜病
Maltese	马尔济斯犬	PDA, MVD	PDA、MVD
Mastiff	马士提夫獒犬	MVD, PS, tricuspid valve dysplasia	MVD、PS、TVD
Miniature Pinscher	迷你杜宾犬	degenerative valve disease	退行性瓣膜病
Newfoundland	纽芬兰犬	SAS, MVD, mitral valve stenosis, PDA, PS, DCM, ASD, VSD	SAS、MVD、二尖瓣狭窄、PDA、PS、DCM、ASD、VSD
New Zealand Huntaway Dog	新西兰牧羊犬	DCM	DCM
Norfolk Terrier	诺福克㹴	mitral valve disease, syncope	二尖瓣疾病、晕厥
Old English Sheepdog	英国古代牧羊犬	TVD, persistent atrial standstill, DCM	TVD、持续性心房停顿、DCM
Pekingese	北京犬	degenerative valve disease	退行性瓣膜病
Pembroke Welsh Corgi	彭布罗克威尔士柯基犬	PDA	PDA
Pomeranian	博美犬	PDA, degenerative valve disease, sick sinus syndrome	PDA、退行性瓣膜病、病态窦房结综合征

续附表 1

Breed	品种	Disease	疾病
Poodle	贵宾犬	PDA（toy and miniature），Degenerative mitral valve disease（toy and miniature），VSD（toy and miniature），ASD（standard）	PDA（玩具、迷你）、二尖瓣退化疾病（玩具、迷你）、VSD（玩具、迷你）、ASD（标准）
Portuguese Water Dog	葡萄牙水犬	juvenile DCM	幼龄 DCM
Pug	巴哥犬	atrioventricular block（stenosis of the bundle of His）	房室阻滞（希氏束狭窄）
Rottweiler	罗威纳犬	SAS, DCM, HCM, MVD	SAS、DCM、HCM、MVD
Saint Bernard	圣伯纳犬	DCM	DCM
Saluki	萨路基猎犬	PDA	PDA
Samoyed	萨摩耶犬	PS, SAS, ASD	PS、SAS、ASD
Schnauzer, Miniature	迷你雪纳瑞犬	PS, PDA, degenerative valve disease, sick sinus syndrome	PS、PDA、退行性瓣膜病、病态窦房结综合征
Schnauzer, Standard	标准雪纳瑞犬	PS	PS
Scottish Deerhound	苏格兰猎鹿犬	DCM	DCM
Scottish Terrier	苏格兰㹴犬	PS	PS
Shetland Sheepdog	喜乐蒂牧羊犬	PDA, degenerative valve disease, conotruncal heart malformation	PDA、退行性瓣膜病、心脏椎动脉干畸形
Shih Tzu	西施犬	VSD, degenerative valve disease	VSD、退行性瓣膜病
Springer Spaniel	史宾格犬	DCM	DCM
Sussex Spaniel	苏塞克斯猎犬	cardiomyopathy	心肌病
Terriers（e.g., Fox Terrier, Mixed Terriers）	㹴犬（如猎狐㹴、混合㹴）	PS, degenerative valve disease	PS、退行性瓣膜病
Weimaraner	威玛猎犬	TVD,peritoneoperi-cardial diaphragmatic hernia	TVD、腹膜心包膈疝

续附表 1

Breed	品种	Disease	疾病
Welsh Corgi (Pembroke)	威尔士柯基犬	PDA	PDA
West Highland White Terrier	西高地白㹴	PS, VSD, tetralogy of Fallot、degenerative valve disease、sick sinus syndrome	PS、VSD、法洛四联症、退行性瓣膜病、病态窦房结综合征
Whippet	惠比特犬	degenerative valve disease	退行性瓣膜病
Yorkshire Terrier	约克夏㹴犬	PDA、degenerative valve disease	PDA、退行性瓣膜病

注：ASD（atrial septal defect），房中隔缺损；

DCM（dilated cardiomyopathy），扩张型心肌病；

HCM（hypertrophic cardiomyopathy），肥厚型心肌病；

MVD（mitral valve dysplasia），二尖瓣发育不良；

PDA（patent ductus arteriosus），动脉导管未闭；

PRAA（persistent right aortic arch），持久性右主动脉弓；

PS（pulmonic stenosis），肺动脉狭窄；

RBBB（right bundle branch block），右束支阻滞；

SAS（subaortic stenosis），主动脉瓣下狭窄；

VSD（ventricular septal defect），室中隔缺损；

TVD（tricuspid valve dysplasia），三尖瓣发育不良。

参考资料

Alroy J, Rush JE, Freeman L, et al: Inherited infantile dilated cardiomyopathy in dogs: genetic, clinical, biochemical, and morphologic findings, *Am J Med Genet* 95 (1) :57–66, 2000.

Basso C, Fox PR, Meurs KM, et al: Arrhythmogenic right ventricular cardiomyopathy causing sudden cardiac death in boxer dogs: a new animal model of human disease, *Circulation* 109 (9) :1180–1185, 2004. e-pub: March 1, 2004.

Bélanger MC, Ouellet M, Queney G, et al: Taurine-deficient dilated cardiomyopathy in a family of Golden Retrievers, *JAAHA* 41:284–291, 2005.

Chetboul V, Charles V, et al: Retrospective study of 156 atrial septal defects in dogs and cats, *J Vet Med A Physiol Pathol Clin Med* 53 (4) :179–184, 2006.

Chetboul V, Trolle JM, et al: Congenital heart diseases in the boxer dog: a retrospective study of 105 cases (1998-2005) , *J Vet Med A Physiol Pathol Clin Med* 53 (7) :346–351, 2006.

Dambach DM, Lannon A, Sleeper MM, et al: Familial dilated cardiomyopathy of young Portuguese water dogs, *J Vet Intern Med* 13 (1) :65–71, 1999.

Fox PR, Sisson D, Moïse NS, editors: *Textbook of canine and feline cardiology*, ed 2, Philadelphia 1999, WB Saunders.

Gordon SG, Saunders AB, et al: Atrial septal defects in an extended family of standard poodles. In *Proceedings*, 2006, The Annual ACVIM Forum, p 730.

Gunby JM, Hardie RJ, Bjorling DE: Investigation of the potential heritability of persistent right aortic arch in Greyhounds, *J Am Vet Med Assoc* 224 (7) :1120–1122, 2004.

Hyun C, Lavulo L: Congenital heart diseases in small animals. I. Genetic pathways and potential candidate genes, *Vet J* 171 (2) :245–255, 2006. Comment in *Vet J* 171 (2) :195–197, 2006.

Hyun C, Park IC: Congenital heart diseases in small animals. II. Potential genetic aetiologies based on human genetic studies, *Vet J* 171 (2) :256–262, 2006. Comment in *Vet J* 171 (2) :195–197, 2006.

Kittleson MD, Kienle RD, editors: Small animal cardiovascular medicine, Philadelphia, 1998, Mosby.

MacDonald KA: Congenital heart diseases of puppies and kittens, *Vet Clin North Am Small Anim Pract* 36 (3) :503–531, 2006.

Meurs KM: Inherited heart disease in the dog. In *Proceedings*, 2003, Tufts Genetics Symposium, 2003.

Meurs KM: Update on Boxer arrhythmogenic right ventricular cardiomyopathy (ARVC) . In *Proceedings,* 2005, The Annual ACVIM Forum, p 106.

Meurs KM, Fox PR, Nogard M, et al: A prospective genetic evaluation of familial dilated cardiomyopathy in the Doberman Pinscher, *J Vet Intern Med* 21:1016–1020, 2007.

Meurs KM, Spier AW, Miller MW, et al: Familial ventricular arrhythmias in boxers, *J Vet Intern Med* 13 (5) :437–439, 1999.

Meurs KM, Spier AW, Wright NA, et al: Comparison of the effects of four antiarrhythmic treatments for familial ventricular arrhythmias in Boxers, J Am Vet Med Assoc 221 (4) :522–527, 2002.

Moïse NS: Update on inherited arrhythmias in German Shepherds. In *Proceedings,* 2005, The Annual ACVIM Forum, pp 67–68.

Olsen LH, Fredholm M, Pedersen HD: Epidemiology and inheritance of mitral valve prolapse in Dachshunds, *J Vet Intern Med* 13 (5) :448–456, 1999.

Parker HG, Meurs KM, Ostrander EA: Finding cardiovascular disease genes in the dog, *J Vet Cardiol* 8:115–127, 2006.

Phillip, U et al. A rare form of persistent right aorta arch in linkage disequilibrium with the DiGeorge critical region on CFA26 in German Pinschers, *J Hered 102* (51) :S68–S73, 2011.

Schober KE, Baade H: Doppler echocardiographic prediction of pulmonary hypertension in West Highland white terriers with chronic pulmonary disease, *J Vet Intern Med* 20:912–920, 2006.

Spier AW, Meurs KM, Muir WW, et al: Correlation of QT dispersion with indices used to evaluate the severity of familial ventricular arrhythmias in Boxers, *Am J Vet Res* 62 (9) :1481–1485, 2001.

Tidholm A: Retrospective study of congenital heart defects in 151 dogs, *J Small Anim Pract* 38 (3) :94–98, 2006.

Vollmar AC, Fox PR: Assessment of cardiovascular diseases in 527 Boxers. In *Proceedings*, 2005, The Annual ACVIM Forum, p 65.

Vollmar AC, Trötschel C: Cardiomyopathy in Irish Wolfhounds. In *Proceedings*, 2005, The Annual ACVIM Forum, p 66.

Werner P, Raducha MG, Prociuk U, et al: The Keeshond defect in cardiac conotruncal development is oligogenic, *Human Genet* 116 (5) :368–377, 2005. e–pub: Feb 12, 2005.

附表 2　猫心脏病品种倾向

Breed	品种	Disease	疾病
Abyssinian	阿比西尼亚猫	subvalvular pulmonary stenosis	肺动脉瓣下狭窄
Birman	伯曼猫	systemic hypertension	系统性高血压
British Shorthair	英国短毛猫	HCM, septal defect	HCM、中隔缺损
Burmese	缅甸猫	septal defect, congenital heart defect	中隔缺损、先天性心脏缺损
Chartreux	卡特尔猫	septal defect, systemic hypertension	中隔缺损、系统性高血压
Devon Rex	德文卷毛猫	subvalvular pulmonary stenosis	肺动脉瓣下狭窄
Maine Coon	缅因猫	HCM, septal defect	HCM、中隔缺损
Norwegian Forest Cat	挪威森林猫	HCM	HCM
Persian	波斯猫	systemic hypertension, septal defect	系统性高血压、中隔缺损
Ragdoll	布偶猫	HCM	HCM
Siamese	暹罗猫	systemic hypertension, septal defect, congenital heart defect, mitral valve stenosis, PDA, SAS, supravalvular aortic stenosis, tetralogy of Fallot, tricuspid stenosis	系统性高血压、中隔缺损、先天性心脏缺损、二尖瓣狭窄、PDA、SAS、主动脉瓣上狭窄、法洛四联症、三尖瓣狭窄
Siberian	西伯利亚猫	HCM	HCM
Sphynx	斯芬克斯猫	HCM, MVD	HCM、MVD

注：HCM（hypertrophic cardiomyopathy），肥厚型心肌病；

　　MVD（mitral valve dysplasia），二尖瓣发育不良；

　　PDA（patent ductus arteriosus），动脉导管未闭；

　　SAS（subaortic stenosis），主动脉瓣下狭窄。

遗传、健康数据库和参考资料

1. Bell JS, Cavanagh KE, Tilley LP, Smith FWK: Veterinary medical guide to dog and cat breeds, Jackson, WY, 2012, Teton NewMedia.

2. Cambridge Veterinary School Database: http://www.vet.cam.ac.uk/idid.

3. Chetboul V, et al: Prospective echocardiographic and tissue Doppler screening of a large Sphynx cat population: reference ranges, heart disease prevalence and genetic aspects, J Vet Cardiol 14 (4):497–509, 2012.

4. National Institutes of Health Library: http://www.ncbi.nlm.nih.gov/pmc.

5. Online Mendelian Inheritance in Animals: http://omia.angis.org.au/home.

6. Online Mendelian Inheritance in Man: http://www.ncbi.nlm.nih.gov/omim.

7. PubMed Literature Database: http://www.ncbi.nlm.nih.gov/pubmed.

8. Sargan DR: IDID: inherited diseases in dogs: web-based information for canine inherited disease genetics, Mamm Genome 15 (6):503–506, 2004.

9. University of Australia Faculty of Veterinary Medicine Database (LIDA): http://sydney.edu.au/vetscience/lida.

10. UPEI Canine Inherited Disorders Database: http://www.upei.ca/cidd/intro.htm.

附录 2　推荐读物

Cote E, MacDonald KA, Meurs KM, et al, editors: Heart murmurs and gallop heart sounds. *In Feline cardiology*, West Sussex, UK, 2011, Wiley-Blackwell.

Cote E, Manning AM, Emerson D, et al: Assessment of the prevalence of heart murmurs in overtly healthy cats, *J Am Vet Med Assoc 225:384*, 2004.

Dennis S: Sound advice for heart murmurs, *J Small Anim Pract 54:443*, 2013.

Erickson B: *Heart sounds and murmurs: across the lifespan*, ed 4, St Louis, 2003, Mosby.

Fang JC, O'Gara PT: The history and physical examination: an evidence-based approach. In Bonow RO, Mann DL, Zipes DP, et al, editors: *Braunwald's heart disease: a textbook of cardiovascular medicine, ed 9*, Philadelphia, 2012, Saunders.

Gompf RE: The history and physical examination. In Tilley LP, Smith FWK, Oyama MA, et al, editors: *Manual of canine and feline cardiology*, ed 4, St Louis, 2001, Saunders.

Kittleson MD, Kienle RD: Signalment, history, and physical examination. In Kittleson MD, Kienle RD, editors: *Small animal cardiovascular medicine*, St Louis, 1998, Mosby.

Kotlikoff MI, Gillespie JR: Lung sounds in veterinary medicine. I. Terminology and mechanisms of sound production, *Comp Cont Educ Pract Vet 5* (8;9) :634–639, 1983.

Kotlikoff MI, Gillespie JR: Lung sounds in veterinary medicine. II. Deriving clinical information from lung sounds, *Comp Cont Educ Pract Vet 6* (5) :462–467, 1984.

Kvart C, Häggström J: *Cardiac auscultation and phonocardiography in dogs, horses, and cats*, Uppsala, Sweden, 2002, TK i Uppsala AB.

Naylor JM: *Art of bovine auscultation*, Oxford, 2004, Blackwell.

Naylor JM: *The art of equine auscultation: an interactive guide* (CD-ROM for Windows) , Oxford, 2004, Blackwell.

Prosek R: Abnormal heart sounds and heart murmurs. In Ettinger SJ, Feldman EC, editors: *A textbook of veterinary internal medicine, ed 7*, Philadelphia, 2010, Saunders.

Rishniw M, Thomas WP: Dynamic right ventricular outflow obstruction: a new cause of systolic murmurs in cats, *J Vet Intern Med 16 (5)* :547, 2002.

Roudebush P: Lung sounds, *J Am Vet Med Assoc* 181:122, 1982.

Sisson D, Ettinger SJ: The physical examination. In Fox PR, Sisson D, Moise NS, editors: *Textbook of canine and feline cardiology, ed 2*, Philadelphia, 1999, Saunders.

Stein E, Delman A: *Rapid interpretation of heart sounds and murmurs*, ed 3, Philadelphia, 1990, Lea & Febiger.

Tilkian AG, Conover MB: *Understanding heart sounds and murmurs: with an introduction to lung sounds*, ed 4, Philadelphia, 2001, Saunders.

Tilley LP, Smith FWK, editors: *Blackwell's five-minute veterinary consult: canine and feline,* ed 5, West Sussex, UK, 2011, Wiley-Blackwell.

Wilkins RL: *Fundamentals of lung and heart sounds,* ed 3, St Louis, 2004, Mosby.

附录 3   测试题答案

章前测试

章前测试 1

1. c	2. d	3. a	4. c	5. b
6. b	7. d	8. d	9. a	10. d

章前测试 2

1. d	2. a	3. c	4. d	5. b
6. c	7. d	8. d	9. d	10. d

章前测试 3

1. b	2. c	3. d	4. b	5. a

章前测试 4

1. c	2. a	3. b	4. c	5. d

章后测试

章后测试 1

A 部分

1. 正确	2. 错误	3. 错误	4. 正确	5. 正确
6. 正确	7. 正确	8. 错误	9. 错误	10. 正确

B 部分

1. 四重律

2. 主动脉喷射音

3. 重叠音

4. S_2 的固定分裂音

5. 第三心音 (S_3)

6. 收缩中期咔嗒音

7. 肺动脉喷射音

8. 第四心音 (S_4)

9. S_2 的生理性分裂音

10. S_2 的持续分裂音

章后测试 2

A 部分

1. a	2. d	3. b	4. c	5. b
6. d	7. a	8. d	9. d	10. d

B 部分

1. 主动脉狭窄的收缩期喷射音

2. PDA 产生的连续型或机械型心杂音

3. 主动脉狭窄和反流引起的往复型心杂音

4. 二尖瓣黏液瘤退化引起的全收缩期杂音

5. 心率为 210 次 /min 的全收缩期心杂音，患猫可能存在心脏衰竭的情况，需要心脏超声和胸腔 X 线检查来进一步确认

章后测试 3

A 部分

1. b	2. a	3. a	4. d	5. c

B 部分

1. 房颤

2. 窦性节律失常

3. 根据 ECG 确认是室性心动过速。仅凭听诊，房性心动过速也是鉴别诊断之一。根据病史，病患存在创伤性心肌炎，所以更可能是室性心动过速。如果听诊确定存在心音分裂，则能够确定为室性心动过速，然而临床病例中，只是偶然才能发现心音分裂，此时需要 ECG 确诊

4. 窦性心律失常并发室性早搏，早搏后代偿间歇提示源于心室，正如同听到的心音分裂，但是同样需要 ECG 来确认听到的早搏来源

章后测试 4

A 部分

1. c	2. b	3. d	4. d	5. a

B 部分

1. 哮鸣音

2. 爆裂音

3. 正常呼吸音

4. 喉麻痹引起的吸气喘鸣音

附录 4　音频文件的中英文对照

网络附件音频（英文为音频中的旁白部分）
第一章　心音

1. 14 000 Hz tone/10 000 Hz tone/5 000 Hz tone/1 000 Hz tone/500 Hz tone/100 Hz tone/40 Hz tone

音频 1- 不同频率的声音
音频依次为：14 000 Hz；10 000 Hz；5 000 Hz；1 000 Hz（心血管音的频率上限）；500 Hz（大多数的心血管音为 500 Hz 或更低）；100 Hz；40 Hz（接近心血管音的下限）。

2. Transient heart sounds separated by various intervals [60 bpm（0.08; 0.06; 0.04; 0.02）]

音频 2- 不同时间间隔的短暂心音
心率为 60 次 / min 时，以下是不同时间间隔的分裂音，依次为 0.08 s; 0.06 s; 0.04 s; 0.02 s。

3. Normal S_1 and S_2 in the tricuspid area（60 bpm and 120 bpm）

音频 3- 三尖瓣区域听诊的正常 S_1 和 S_2（心率 60 次 / min 和 120 次 / min）
三尖瓣处听诊正常的 S_1 和 S_2 心音。请注意，在三尖瓣处听诊时，和 S_2 相比，S_1 持续时间更久，强度更大，音调更低。第一个音频心率为 60 次 /min，第二个音频心率为 120 次 /min。

4. Splitting of S_1 in the tricuspid area（60 bpm and 120 bpm）

音频 4- 三尖瓣区域听诊的 S_1 分裂（心率 60 次 / min 和 120 次 / min）
三尖瓣部位听诊，S_1 分裂音，见图 1-8。第一个音频心率为 60 次 /min，第二个音频心率为 120 次 /min。

5. S_1 in the aortic area（60 bpm and 120 bpm）

音频 5- 主动脉瓣区域听诊的 S_1（心率 60 次 / min 和 120 次 / min）
主动脉瓣部位的听诊，此时，S_1 未发现有分裂音，且 S_2 比 S_1 更响。第一个音频心率为 60 次 /min，第二个音频心率为 120 次 /min。

6. S_1 in the mitral area（60 bpm and 120 bpm）

音频 6- 二尖瓣区域听诊的 S_1（心率 60 次 / min 和 120 次 / min）

现在我们把听诊器移到二尖瓣部位进行听诊，此时 S_1 比 S_2 更响，且 S_1 未发现有分裂音。第一个音频心率为 60 次 /min，第二个音频心率为 120 次 /min。

7. Splitting of S_2 at the base of the heart（60 bpm and 120 bpm）

音频 7- 心基部听诊的 S_2 分裂（心率 60 次 / min 和 120 次 / min）

心基部听诊 S_2 生理性分裂音，详见图 1-12。第一个音频心率为 60 次 / min，第二个音频心率为 120 次 /min。

8. Persistent splitting of S_2（60 bpm and 120 bpm）

音频 8- 持续的 S_2 分裂（心率 60 次 / min 和 120 次 / min）

S_2 持续性分裂音。第一个音频心率为 60 次 /min，第二个音频心率为 120 次 /min。

9. Fixed splitting of S_2（60 bpm and 120 bpm）

音频 9- 固定的 S_2 分裂（心率 60 次 / min 和 120 次 / min）

S_2 固定分裂音。第一个音频心率为 60 次 /min，第二个音频心率为 120 次 /min。

10. Paradoxical splitting of S_2（60 bpm and 120 bpm）

音频 10- 反常的 S_2 分裂（心率 60 次 / min 和 120 次 / min）

S_2 反常分裂音。第一个音频心率为 60 次 /min，第二个音频心率为 120 次 /min。

11. S_3 in the mitral valve region（60 bpm and 120 bpm）

音频 11- 二尖瓣区域听诊的 S_3（心率 60 次 / min 和 120 次 / min）

钟式听头听诊二尖瓣处的 S_3，第一个音频心率为 60 次 /min，可以注意到第三心音很明显，心音的顺序是 S_1、S_2、S_3；第二个音频心率为 120 次 /min。

12. S_4 at the left apex（60 bpm and 120 bpm）

音频 12- 左心尖部听诊的 S_4（心率 60 次 / min 和 120 次 / min）

我们现在听到的是左心尖处的 S_4，使用的是钟式听头。第一个音频心率为 60 次 /min，心音的顺序是 S_4、S_1、S_2；第二个音频心率为 120 次 /min。

13. Atrial gallop sound in a dog

音频 13- 犬房性奔马音

现在听到的是，临床中遇到的犬的房性奔马音。

14. Quadruple rhythm at the left cardiac apex（heart rate 60 bpm）

音频 14- 左心尖部听诊的四重律（心率 60 次 / min）

现在听到的是左心尖处的四重律，心率为 60 次 / min，心音的顺序是 S_4、S_1、S_2、S_3。

15. Simulated summation gallop（120 bpm）

音频 15- 重叠奔马音（心率 120 次 / min）

我们会首先听到的是合成的重叠奔马律，心率为 120 次 / min。

16. Summation gallop in a cat with hypertrophic cardiomyopathy

音频 16- 一只肥厚型心肌病患猫的重叠奔马音

这是患有肥厚型心肌病猫的听诊记录，可以听到重叠奔马音。

17. Aortic ejection sound in the aortic valve region as it might sound in a dog with aortic valve stenosis（60 bpm and 120 bpm）

音频 17- 主动脉瓣区域听诊的主动脉喷射音，可见于主动脉瓣狭窄患犬（心率 60 次 / min 和 120 次 / min）

这是一只怀疑主动脉狭窄的犬，在主动脉瓣区域，听到主动脉喷射音。第一个音频心率为 60 次 / min，心音的顺序是 "S_1、咔嗒音、S_2" 或者 "lub-咔嗒音 -dup"；第二个音频心率为 120 次 / min。

18. Midsystolic clicks in the mitral valve region（60 bpm and 120 bpm）

音频 18- 二尖瓣区域听诊的收缩中期咔嗒音（心率 60 次 / min 和 120 次 / min）

二尖瓣区域听诊到的收缩中期咔嗒音。第一个音频心率为 60 次 / min，心音的顺序是 "lub- 咔嗒音 -dup"；第二个音频心率为 120 次 / min。

19. Midsystolic click in a dog with mitral valve prolapse. This dog also has a sinus arrhythmia.

音频 19- 二尖瓣脱垂患犬的收缩中期咔嗒音，该犬也有窦性心律失常。

这是一只患有二尖瓣脱垂的犬，可以听到收缩中期咔嗒音，患犬同时存在窦性节律失常。

第二章　心杂音

20. Plateau（regurgitant）murmur

音频 20 – 平台型（反流样）心杂音

21. Crescendo-decrescendo（ejection）murmur

音频 21– 递增 – 递减型（喷射样）心杂音

22. Decrescendo（blowing）murmur

音频 22– 递减型（吹风样）心杂音

23. Simulated crescendo-decrescendo systolic murmur of subaortic stenosis

音频 23– 模拟主动脉瓣下狭窄致递增 – 递减型收缩期杂音

合成心杂音，模拟主动脉瓣下狭窄时的递增 – 递减型收缩期心杂音。在更严重主动脉狭窄时，注意听收缩期心杂音后期加速且 S_2 减小。

24. Dog with subaortic stenosis（made with diaphragm of the stethoscope）

音频 24– 主动脉瓣下狭窄患犬听诊（听诊器膜面听诊）

主动脉瓣下狭窄的犬，使用膜式听头记录下的声音。

25. Systolic ejection murmur in a cat with hypertrophic cardiomyopathy

音频 25– 肥厚型心肌病患猫听诊的收缩期喷射性杂音

我们听到的是收缩期喷射音，患有肥厚型心肌病和流出道受阻的猫可出现该杂音。

26. Crescendo-decrescendo murmur of moderate to severe pulmonic stenosis in a Miniature Schnauzer（marked sinus arrhythmia present）

音频 26– 患中至重度肺动脉瓣狭窄的迷你雪纳瑞犬听诊的递增 – 递减型心杂音（严重窦性心律失常）

这是一只伴有中度至重度肺动脉狭窄的迷你雪纳瑞犬，听诊心音呈递增 – 递减型心杂音。听诊部位为肺动脉瓣区域，使用膜式听头听诊。患犬存在明显的窦性节律失常。

27. Simulated ejection systolic murmur of atrial septal defect followed by fixed splitting of S$_2$

音频 27- 模拟房中隔缺损收缩期喷射性杂音后出现固定分裂的 S$_2$（模拟音）

现在听到的是房中隔缺损引起的收缩期喷射音（合成的声音），其后紧跟着 S$_2$ 的固定分裂。

28. Innocent murmur from a puppy

音频 28- 一只幼犬的良性杂音

临床记录无症状的幼犬良性杂音，见文中图 2-8。

29. Simulated regurgitant murmur of mitral valve disease

音频 29- 模拟二尖瓣病致二尖瓣反流性杂音

二尖瓣病引起的反流样心杂音（合成音）。

30. Dog with degenerative mitral valve disease

音频 30- 退行性二尖瓣病患犬听诊

退行性二尖瓣病患犬，在二尖瓣位置听到的心杂音。

31. Cat with ventricular septal defect

音频 31- 室中隔缺损患猫听诊

室中隔缺损的患猫，在其胸骨右侧缘听到的心杂音。

32. Dog with ventricular septal defect

音频 32- 室中隔缺损患犬听诊

现在听到的是室中隔缺损患犬听诊的录音。

33. Decrescendo diastolic murmur in a dog with vegetative endocarditis of the aortic valve

音频 33- 主动脉瓣增殖性心内膜炎患犬听诊的递减型舒张期心杂音

主动脉瓣增殖性心内膜炎患犬，出现的递减型舒张期心杂音。

34. Simulated "to and fro" murmur of aortic stenosis coupled with aortic regurgitation

音频 34- 主动脉狭窄伴发主动脉反流时的往复型心杂音

我们现在听到的是主动脉狭窄伴主动脉反流引起的往复型心杂音。

35. Simulated continuous murmur

音频 35- 模拟的连续型心杂音

合成的连续型心杂音。

36. Dog with a patent ductus arteriosus（recording made from the left heart base）

音频 36- 动脉导管未闭患犬听诊（记录于左心基部）

此音频是在 PDA 患犬的左心基部听诊到的连续型心杂音。

第三章　心律失常

37. Simulated sinus arrhythmia

音频 37- 模拟的窦性心律失常

现在听到的是模拟的窦性心率失常的录音。

38. Sinus arrhythmia in a dog with respiratory disease

音频 38- 呼吸系统疾病患犬听诊的窦性心律失常

现在听到的是呼吸系统疾病患犬听诊的窦性心律失常的录音。

39. Atrial fibrillation from a dog

音频 39- 房颤患犬听诊

现在听到的是来自房颤患犬听诊的录音。

40. Atrial fibrillation from a cat

音频 40- 房颤患猫听诊

现在听到的是来自房颤患猫听诊的录音。

41. Simulated ventricular premature complexes

音频 41- 模拟的室性早搏听诊

现在听到的是合成的室性早搏音。请注意听不同步激活的心室导致了心音的分裂，在室性早搏后有代偿间歇。

42. Dog with frequent premature beats

音频 42- 早搏频发患犬听诊

43. Simulated atrial premature complexes

音频 43- 模拟的房性早搏听诊

44. Simulated ventricular tachycardia

音频 44- 模拟的室性心动过速听诊

45. Simulated paroxysmal atrial tachycardia

音频 45- 模拟的阵发性房性心动过速听诊

第四章　肺音

1. Comparison of sound from the stethoscope bell and diaphragm

视频 1- 听诊器膜式听头与钟式听头听诊声音对比

戈登塞特犬喘息时，听诊右肺中叶，钟式听头和膜式听头的比较，先出现音频采集于钟式听头，后面的音频采集于膜式听头。

2. Comparison of trachea, left, and right middle caudal lung lobe

视频 2- 气管与左、右中后肺叶听诊声音对比

戈登塞特犬喘息时，第一个音频是气管音，第二个音频是左肺后叶肺音，第三个音频是右肺中叶肺音。

3. Comparison of normal left caudal with pneumonia in the right caudal lung

视频 3- 正常的左后肺叶与肺炎的右后肺叶听诊声音对比

一只肺炎患犬的听诊录音，第一个音频是未受影响的左肺后叶处的肺音，第二个音频是右肺后叶炎症部位处的肺音。

4. Fine crackles

视频 4- 细爆裂音

心源性肺水肿病患，听诊肺音增强，且伴有细爆裂音。

5. Coarse crackles

视频 5- 粗爆裂音

肺炎患犬，听诊到粗爆裂音。

6. Wheezes

视频 6- 哮鸣音

约克夏犬，粗爆裂音，伴有哮鸣音。

7. Rhonchus（cat with intrathoracic tracheal collapse）

视频 7- 干啰音（猫胸内气管塌陷）

上呼吸道塌陷。

8. Rhonchus（dog with expiratory rhonchus）

视频 8- 干啰音（犬呼气时干啰音）

犬呼气阶段的干啰音，大呼吸道内分泌物异常聚集。

9. Tracheal collapse

视频 9- 气管塌陷

在胸段气管塌陷的患犬听诊到干啰音。

10. Laryngeal paralysis（oroscopic view）

视频 10- 喉麻痹（内窥镜视图）

喉麻痹时的内窥镜视图。

11. Laryngeal paralysis（dog with chronic history of stertorous breathing）

视频 11- 喉麻痹（慢性鼾音性呼吸病史患犬）

附录 5   网站截图

Your Complete Learning Experience!
为您提供全方位的学习体验！

www.heartlungsounds.com

The new, user–friendly website provides an authentic listening experience so that you are fully prepared to identify, interpret, and differentiate heart and lung sounds in dogs and cats.

　　全新、友好的用户网站提供了真实的聆听体验，使你能完全充分地识别、解释和区分犬猫的心肺声音。

Listen and watch more than 75 heart and lung sound recordings/videos covering murmurs, arrhythmias, and abnormal lung sounds, such as crackles, wheezes, and more.

　　可收听和观看超过 75 个心肺录音 / 视频，包括心杂音、心律失常和异常肺音，如爆裂音、哮鸣音等更多内容。

The entire text, with the sounds, videos, and tests, is integrated for ease of use.

　　全文包括声音、视频和测试，便于更好地学习和使用。

The audio and video files are separated topic, simplifying the ability to toggle between current and previously viewed material within the site, which facilitates review and enhances the learning process.

音频和视频文件按主题区分，在网站内可自由切换当前和之前文件，有助于检查和加强学习进程。

A pre-test for each chapter offers immediate feedback as you proceed through the questions.

回答每章的章前测试题时可提供即时反馈。

A posttest for each chapter provides a "report card" at the end of the test, allowing you to see which areas need further study and review.

每章的章后测试题在测试结束时提供"报告卡"，让你了解哪些领域需要进一步学习和复习。

索引

页码数字后面的 f, t, b 分别表示图、表和框。